ACCESO GRATIS *a la Lectura en la Nube*

Para visualizar el libro electrónico en la nube de lectura envíe junto a su nombre y apellidos una fotografía del código de barras situado en la contraportada del libro y otra del ticket de compra a la dirección:

ebooktirant@tirant.com

En un máximo de 72 horas laborales le enviaremos el código de acceso con sus instrucciones.

Empresas nanotecnológicas en Argentina y México

Una mirada comparativa

Procedimiento de selección de originales, ver página web:
www.tirant.net/index.php/editorial/procedimiento-de-seleccion-de-originales

Edgar Arteaga Figueroa
Guillermo Foladori
Laura Liliana Villa

Empresas nanotecnológicas en Argentina y México

Una mirada comparativa

tirant humanidades
Ciudad de México, 2025

En caso de erratas y actualizaciones, la Editorial Tirant Humanidades publicará la pertinente corrección en la página web www.tirant.com/mex/.

DISTRIBUYE: TIRANT LO BLANCH MÉXICO
Av Tamaulipas 150, Oficina 502
Hipódromo, Cuauhtémoc, 06100, Ciudad de México
Telf.: +52 15565502317
infomex@tirant.com
www.tirant.com/mex/
www.tirant.es
ISBN: 978-84-1081-558-2

Si tiene alguna queja o sugerencia, envíenos un mail a: atencioncliente@tirant.com. En caso de no ser atendida su sugerencia, por favor, lea en *www.tirant.net/index.php/empresa/politicas-de-empresa* nuestro Procedimiento de quejas.

Responsabilidad Social Corporativa:
http://www.tirant.net/Docs/RSCTirant.pdf

Índice

Prólogo

Han pasado cerca de 25 años del bum de las nanotecnologías a nivel mundial. Se ha publicado diversa literatura, la cual ha cubierto distintas perspectivas y espacios geográficos nacionales e internacionales. Los artículos científicos sobre potenciales aplicaciones de diversos nanomateriales también han aumentado desde la primera década de este siglo y acompañando los financiamientos públicos para la investigación y desarrollo en el tema. Durante la primera década era común encontrar en los medios propaganda de productos de las nanotecnologías en el mercado. Para la segunda década esta propaganda comenzó a declinar, pero no debido a que las nanotecnologías dejaran de estar en los procesos productivos sino al reclamo de diversos sectores sociales de que los nanomateriales, teniendo como característica distintiva las novedosas funcionalidades fisicoquímicas y toxicológicas entraban libremente al mercado en la mayoría de los casos, evadiendo análisis de riesgo. Lo que comenzó teniendo amplia presencia pública se convirtió, así, en un proceso menos públicamente evidente.

A partir de mediados de la segunda década surgen muchas otras tecnologías, más discretas, pero que colaboraron en quitar los términos nanociencias o nanotecnologías de la percepción pública; fueron la Internet de las Cosas, el almacenamiento en Nube, la conexión por 5G, la impresión 3D, la Big Data y demás, junto con las políticas de Industria 4.0 como paraguas. Resulta, sin embargo, que frente a la visión superficial de la desaparición de las nanotecnologías, todas esas nuevas tecnologías, inclusive la más reciente Inteligencia Artificial tienen como base material la manipulación de la materia a nivel atómico y molecular, es decir, las novedosas funcionalidades que los nanomateriales permiten. Años antes de comenzar la década de los veinte ocurre un crecimiento exponencial de artículos científicos sobre nanosensores, al constituir elementos clave de todas esas nuevas tecnologías, al igual que los chips de tamaño nanométrico y la manipulación de las tierras raras, también empleadas a tal tamaño nano. Lejos de la desaparición de los nanomateriales en la investigación, desarrollo y procesos productivos, ellos se expandieron en las cadenas de producción y sectores económicos.

América Latina no ha estado al margen de este proceso y existe abundante literatura para la región y por países sobre el desarrollo de las nanotecnologías. En este libro, que trata de algunos aspectos de las nanotecnologías en Argentina y México, no repetimos todo lo que se ha venido señalando sobre el tema, sino que acentuamos dos aspectos.

El primero es la presencia militar estadounidense durante el comienzo de las nanotecnologías en ambos países. Esto es poco conocido porque fue aparentemente circunstancial, circunscrito a un momento y sin mayor trascendencia posterior. No fue así en el caso mexicano, donde la influencia de los laboratorios Sandia de Nuevo México creó una red de formación e investigación en diseño de nanodispositivos en México cuyos locales universitarios han, en varios casos, continuado trabajando en las mismas temáticas e, inclusive, elaborado convenios bilaterales con aquellos laboratorios militares estadounidense hasta la actualidad; tanto para la formación profesional como para la investigación y desarrollo en temas puntuales como semiconductores y óptica.

Hoy en día el tema de las nanotecnologías en la agenda militar está presente en las guerras y geopolítica internacional. Chips y tierras raras (de tamaño y funcionalidad nanométrica) son objeto de noticia relacionada a impuestos en el comercio exterior, modificación en los límites territoriales de algunos países mediante medidas comerciales, políticas o directamente derivadas de la violencia de guerra. Y, si en Argentina aquella presencia militar estadounidense fue tal vez pasajera a principios del siglo, hoy la posibilidad de entregar recursos naturales como el litio a corporaciones internacionales, o áreas geopolíticamente estratégicas como Tierra del Fuego, o retirar la reivindicación nacional por las Malvinas es parte de la política del gobierno de Milei. Estas razones nos han llevado a recuperar aquellos primeros pasos de la presencia militar estadounidense en Argentina y en México.

El segundo ámbito de las nanotecnologías que trata este libro es el seguimiento que hemos venido haciendo sobre las empresas de nanotecnologías en algunos países de América Latina; aquí sólo actualizamos la información correspondiente a Argentina y México. También en este tema existen otras bases de datos, pero lo que aquí reunimos es la actualización más reciente existente que alcanza hasta el primer trimestre del 2025.

Dar seguimiento a las empresas de nanotecnología es una necesidad para cualquier política relacionada con la planificación de estas ciencias y tecnologías y para la regulación de sus protocolos, habida cuenta que los productos se enfrentan en el mercado mundial a ciertas restricciones de acceso por parte de países y regiones, y de que los temas de geopolítica estratégica, recursos naturales, toxicidad y efectos sobre el ambiente son parte de las negociaciones internacionales.

Los autores
Junio de 2025
Zacatecas y Ciudad de México

Capítulo 1

Presentación general de las nanotecnologías en Argentina y México

A la manipulación de la materia en escala de entre 1 y 100 nanómetros en alguna de sus dimensiones se le conoce como nanotecnologías (NNI, s/f; Ramsden, 2016; The Royal Society, 2004). Se trata de un conjunto de tecnologías que ha tenido auge en su Investigación y Desarrollo y también en su incorporación a procesos industriales desde los primeros años de este siglo. Hoy en día están presentes en la mayoría de los sectores económicos (Tsuzuki, 2009). Ello obedece a que, en tamaño atómico y molecular, la materia presenta funcionalidades novedosas si se las compara con los mismos materiales en tamaño mayor. Se presentan cambios, por ejemplo, en la dureza, conductividad eléctrica, propiedades ópticas y electromagnéticas, así como otros desempeños fisicoquímicos y también biológicos, debido a que la toxicidad no es necesariamente igual a la que se conoce en escala macro.

Estos nuevos cambios en las funcionalidades de los materiales ofrecen un abanico de propiedades que pueden ser explotadas en el desarrollo de aplicaciones industriales novedosas. Por ello se les conoce como tecnologías habilitadoras o de propósito general, que pueden tener aplicaciones en muchos sectores, lo que afecta de forma radical las plataformas científicas e industriales (Roco et al., 2010). Esta capacidad de modificar todas las estructuras productivas ha colocado a las nanotecnologías como una tecnología disruptiva, que apuntala una nueva revolución tecnológica.

Con el inicio del siglo XXI se incrementó de forma significativa el presupuesto público y privado para Investigación y Desarrollo (IyD) de nanotecnologías en distintos países (Royal Society, 2004). En algunos casos, el fomento a estas tecnologías se hizo de forma directa, en otros mediante iniciativas, planes nacionales o políticas públicas específicas. Estados Unidos fue uno de los primeros países en implementar su iniciativa Nacional de Nanotecnología en el año 2000. Posteriormente, la Unión Europea, Alemania, China, Corea del Sur, Taiwán y Japón realizaron programas o planes estratégicos. Entre 2001 y 2004, más de 60 países establecieron programas de IyD en nanotecnologías (Roco et al., 2010).

Países en vías de desarrollo comenzaron a considerar a las nanotecnologías en sus agendas científico-tecnológicas como áreas privilegiadas, y establecieron mecanismos para su promoción: Argentina, Chile, Croacia, Jordania, Kazajstán, México, Marruecos, Nepal, Filipinas, Arabia Saudita, Serbia, Eslovenia, Sri Lanka, Túnez, Tailandia y Malasia son ejemplos.

1. ARGENTINA Y MÉXICO EN LAS NANOTECNOLOGÍAS

La investigación en nanotecnologías en Argentina y México comienza en los años ochenta del siglo XX, y publicaciones científicas ya aparecen en los noventa (Kay & Shapira, 2009; Robles Belmont, 2024). Pero el crecimiento más extenso y sostenido ocurre durante la primera década del siglo XXI, cuando organizaciones internacionales, binacionales, corporaciones extranjeras y el mismo desarrollo científico técnico a nivel mundial presionan por incentivar tal despegue (Foladori, Záyago Lau, et al., 2024).

Argentina y México han desarrollado trayectorias diferenciadas en sus esquemas de promoción de ciencia, tecnología e innovación. Los distintos modelos de desarrollo económico han influido en la formación y acumulación de capacidades tecnológicas. En Argentina, el sistema de ciencia y tecnología ha sido históricamente apoyado por el Estado, mediante instituciones como el Consejo Nacional de Investigaciones Científicas y Técnicas (CONICET) y luego por el Ministerio de Ciencia, Tecnología e Innovación Productiva (MINCyT). Estos actores han impulsado políticas de desarrollo tecnológico orientadas al fortalecimiento de capacidades endógenas y una articulación directa con los sectores productivos (Surtayeva, 2019).

En México, el sistema de fomento a la IyD y la innovación ha estado delineado por una estrategia que busca, por un lado, el fortalecimiento institucional del Consejo Nacional de Ciencia y Tecnología (CONACYT) (ahora Secretaría de Humanidades, Ciencias, Tecnología e Innovación SECIHTI) y, por otro, una inserción a mercados globales donde el desarrollo tecnológico interno ha sido un objetivo poco vigilado. Aunque existen sólidas instituciones de investigación, la política de CyT ha estado frecuentemente desarticulada del aparato productivo nacional (Villasana, 2011).

Desde inicios del siglo XXI, ambos países han buscado insertarse en la ola de las tecnologías estratégicas, como la biotecnología y las nanotecnologías mediante su aplicación a sectores clave como la energía y la salud. Si bien en el caso de Argentina se puede identificar una mayor coordinación entre organismos públicos, universidades y empresas mediante esquemas de financiamiento y seguimiento (Lugones & Osycka, 2018), en México los extintos programas de Fondos Mixtos y el Programa de Estímulos a la Innovación fueron limitados, si no concentrados en pocas instituciones (Ortiz et al., 2022). La consecuencia directa es visible en la dependencia exterior y el dominio de monopolios en la producción tecnológica mexicana. La política de manufactura y comercio ha contribuido a restringir la capacidad de absorber y generar conocimiento local (Cimoli et al., 2008; Dutrénit & Arza, 2010).

Argentina ha intentado transitar hacia la economía del conocimiento mediante el fortalecimiento institucional y la inversión pública estratégica, viéndose dificultada por las discontinuidades políticas y las consecuentes restricciones fiscales. México, por su parte, ha adoptado una dinámica empatada directamente con el modelo de liberalización comercial, donde un elemento clave es la atracción de Inversión Extranjera Directa que no está caracterizada por políticas para la formación y desarrollo de capacidades tecnológicas locales (López et al., 2014).

2. EL CONTEXTO DE LAS NANOTECNOLOGÍAS EN LA ACTUALIDAD

Las nanotecnologías son una de las bases de creación de materia prima para las industria de vanguardia, como es el caso de la Inteligencia Artificial. Dispositivos claves como los chips, nanosensores, etcétera, son producto o combinan materiales nanotecnológicos, de manera que aunque ya no tan publicitadas como durante las dos primeras décadas de este siglo, las nanotecnologías y nanomateriales continuarán siendo elementos imprescindibles de los procesos de investigación científica y de las aplicaciones industriales. Muchas de las tierras raras que están jugando un papel geopolítico destacada a nivel global y alimentan las guerras son manipuladas nanométricamente y son parte de dispositivos en las industrias de vanguardia (Foladori & Ortiz-Espinoza, 2022; Meneses & Foladori, 2025).

Tanto México como Argentina tienen condiciones objetivas para el desarrollo de las nanotecnologías. Por su capacidad científico técnica, donde las ramas físicas, químicas y biológicas, así como las ingenieriles cuentan con buena cantidad de profesionales e investigadores; y porque varias universidades y centros de investigación tienen equipos sofisticados. Algunos acuerdos de cooperación internacional como el establecido entre Argentina y Brasil para la formación de personal calificado son ejemplos de la posibilidad de alianzas a nivel latinoamericano que no dependan de los candados que los acuerdos con países más avanzados imponen.

No todo es, sin embargo, halagüeño. El mantenimiento de los equipos sofisticados y la materia prima es mayoritariamente importada, lo cual crea una dependencia tecnológica que requeriría una política nacional de impulso y tiempo de maduración para modificar aquellas limitaciones. México está en torno del 15.o lugar mundial en la escala de riqueza y su mercado externo es sumamente abierto. Esto es un arma de doble filo porque al tiempo que podría facilitar la exportación de productos, entran al mercado interno mercancías de las nanotecnologías muy libremente. El caso de Argentina es muy diferente en la actualidad, ya que, como se verá más adelante, el grado de destrucción que ha sufrido la ciencia, tecnología e inclusive algunos sectores industriales desde el 2023 requerirá políticas muy valientes y complejas para recuperar tan sólo lo que media década atrás ya había alcanzado. Según Lorca (2025) la drástica reducción en la inversión estatal en ciencia y tecnología, ha alcanzado niveles similares a los de la crisis de 2001-2002.(Lorca, 2025).

Ambos países siempre están a tiempo de encaminar una política nacional que incluya el desarrollo de las nanotecnologías, pensando en una integración vertical de aquellas cadenas de producción donde el sector público tenga parte importante de su control y el acceso a la distribución y consumo. Cierto es que las dificultades intrínsecas que las nanotecnologías manifiestan para cualquier regulación son una barrera difícil de sortear,[1] inclusive para los países o regiones más avanzadas, como es el caso de la Comunidad Europea (Foladori, 2021).

Otro aspecto que no ocurre en los países más desarrollados es la ausencia del financiamiento de la empresa privada. La inmensa mayoría de la investigación en nanotecnologías, tanto en Argentina como en México ha sido financiada por el Estado, mediante universidades y centros de investigación públicos. La empresa privada se ha mantenido al margen. En parte, porque la mayoría de las investigaciones están en la etapa de lo que se conoce comúnmente como ciencia básica, algo distante de las aplicaciones prácticas y, por tanto, de gran riesgo para cualquier inversión de capital. Por lo regular el capital privado no invierte si no hay un rápido retorno del capital y poco riesgo de fracaso.[2] Por otra parte,

1. Pequeñas diferencias en nanopartículas del mismo material pueden significar funcionalidades diferenciadas; y aquellos nanomateriales que son susceptibles a cambios debidos al tiempo o interacción con otros átomos pueden modificar el comportamiento haciendo difícil determinar regularidades imprescindibles para la regulación cuando en la práctica cada caso es un caso.
2. En México una encuesta a investigadores de nanomedicina mostraba el reclamo del poco interés de la empresa privada en el patrocinio de la investigación (Ortíz-Espinoza et al., 2022).

tampoco ayudan las políticas públicas que no tienen control sobre el mercado exterior, porque productos con elementos nanotecnológicos entran a los países de América Latina prácticamente sin control, con lo cual la posibilidad del desarrollo de alternativas nacionales resulta altamente improbable si no se restringen a un fuerte control de cadenas verticales de producción y, particularmente, de mercados internos relativamente cautivos, tal vez asociados a sectores donde los Estados tengan servicios extendidos.

A diferencia de México, donde las fuentes de financiamiento públicas -aunque no necesariamente exclusivas del área de las nanotecnología- fueron usufructuadas por corporaciones internacionales hasta finales del 2019, en Argentina diversos instrumentos de fondos públicos o mixtos tendieron a facilitar el desarrollo de parcerías público-privadas, algunas de ellas en nanotecnologías (Lugones & Osycka, 2018). Se impulsaron pymes (pequeñas y medianas empresas) que podrían comenzar como *startup*.

Estas iniciativas que patrocinaron decenas de empresas, como veremos más adelante, tienen su Talón de Aquiles. Basta dar seguimiento a los primeros *startup* en nanotecnología en los Estados Unidos para llegar a la conclusión de que difícilmente llegan a los 10 años de vida. Muchos de ellos fracasan por dificultades internas y de mercado, otras porque tienen éxito y son cooptadas por corporaciones mayores, muchas veces trasnacionales. Este no es un proceso ocasional ni voluntario, es la ley del mercado que obliga a las pymes exitosas a incrementar sus inversiones permanentemente. Requieren financiamientos que no tienen ni pueden lograr sin que capitales mucho mayores controlen las directivas, el destino de la investigación, los mercados y demás; y, en algunos casos en que han logrado patentes viables los capitales mayores las han comprado o se han asociado, simplemente para evitar que la competencia lo haga, aunque frenando el desarrollo original. Basta ver las publicaciones de los bufetes de abogados sobre compras y adquisiciones de empresas y las prácticas administrativas de las bolsas corporativas de capital de riesgo para entender las razones por las cuales las pymes mal sobreviven más de una década (Foladori, 2014; Foladori, Robles-Belmont, et al., 2018; Graffagnini, 2009). Una de las primeras startup que surgió en los Estados Unidos ligada a la North Western University en 2000, Nanosphere, Inc. (Nano dispositivos para diagnosis de ADN, proteínas, cáncer, etcétera) cotizó en bolsa en 2007,[3] y terminó siendo adquirida por Luminex Corporation en 2016). Otro de los primeros ejemplos fue la startup que surgió del MIT (Massachusetts Institute of Technology), A123 (AONE) (baterías con iones de litio) que con fondos del Departamento de Defensa de los Estados Unidos comenzó en 2001 y cotizó en bolsa en el 2009, en 2013 y luego de haberse declarado en quiebra fue comprada por Wanxiang America.

Debe tenerse en cuenta que el contexto económico de surgimiento de las nanotecnologías a principios del siglo XXI no es igual al que se daba veinte años antes (Foladori, 2016). En primer lugar, el grado de concentración del capital es mayor. Esto significa que las nanotecnologías requieren de más capital inicial y mayor tiempo de maduración. En segundo lugar, la mayoría de los fondos privados de inversión para capital de riesgo son de los llamados Strategic Investors, que representan intereses corporativos.[4] El inversor estratégico pone como condición

3. Mark Bunger director de investigaciones de Lux Research dijo que el cotizar en bolsa puede empujar a las gigantes competidoras como Roche, Abbott o Becton Dickinson a considerar comprar la compañía de casi ocho años de edad.
4. Un ejemplo es el Millennium Materials Technologies, fundado en 1998 (MMTfunds). MMT se focalizan en invertir en compañías que desarrollan materiales avanzados en las áreas de nanotecnología, tecnología de polímeros, biomateriales, energía y ambiente, industria química y nuevos cristales, con especial foco en Israel y compañías relacionadas (en un 60 a 70%) con Israel. Algunas corporaciones que participan del fondo MMT son: Bayer, Schott Glass, DSM, Siemens, Henkel, Boeing, Bekaert, EDB, Clal, KPP, Landmark Partners, Lexigton Partners, PEI funds, Vintage. El consorcio Arrowhead Research dedicado a electrónica y biofarma financia startup a cambio de derechos de comercialización de las invenciones. Así hizo con

para invertir el formar parte de la directiva de administración, tener veto sobre las decisiones, exigir el derecho a ser el primero en negociar los nuevos productos, quedarse con los derechos de propiedad y otros candados. En la práctica, el inversor estratégico controla absolutamente todo el proceso productivo y de mercado (Graffagnini, 2009). Como los costos para que una pyme pase a cotizar en bolsa han aumentado, al igual que los gastos para defender los títulos de propiedad (Clarkson & DeKorte, 2006), las pequeñas y medianas empresas no tienen otra alternativa para sobrevivir que vender o asociarse con una corporación, como señaló Hart para el Washington Post en 2008 (Hart, 2008; ver también Moradi, 2004).

El registro de empresas de nanotecnología que puede consultarse en el capítulo 3 advierte del probable descenso de las startup en Argentina durante el gobierno del presidente Milei. El redireccionamiento de la FAN hacia actividades culturales y de formación ha derivado en una desconexión de la formación de capacidades científicas con las demandas productivas (Surtayeva, 2019). Lo anterior se verifica en el número de empresas que en términos efectivos manufacturan productos nanohabilitados en territorio argentino (84 de las 149 que se presentan en la FAN) donde muchas de ellas son startups que han cambiado de giro desde la última verificación censal realizada en 2022 (Arteaga Figueroa, 2022).

Aún otra dificultad para un desarrollo sustentable de las nanotecnologías en los países latinoamericanos es la ausencia del papel del Estado en cuestiones de riesgo y regulación (Foladori, G, 2012). Esto, que aunque tibiamente está siendo considerado en Europa, Estados Unidos, China y otros países, no aparece en las agendas en Latinoamérica. Varios son los elementos que intervienen en esta ausencia. Por un lado, muchos científicos no son proclives a investigar elementos que puedan colocar

la startup de la Rice University Carbon Nanotechnology Inc. (nanotubos de carbono de una pared funcionalizados) luego de crearse en 2000 y subordinarse a UNIDYM en 2007.

en discusión sus investigaciones y perder los pocos apoyos empresariales. Por otro lado, la influencia de las organizaciones internacionales en América Latina ha dejado totalmente de lado la cuestión de los riesgos y la regulación, algo que está en la agenda de sus países de origen. Aún otro elemento es el sector empresarial, que milita políticamente contra cualquier regulación de productos químicos a nivel mundial y con mayor facilidad en países sin suficiente presencia política internacional. Por último, también pesa el hecho de que mientras en algunas regiones como al Comunidad Europea las organizaciones sindicales han estado activas en la denuncia de riesgos de algunas nanopartículas y la falta de evaluación previa a la entrada al mercado de nuevos químicos, en América Latina esta posición ha estado mayoritariamente ausente (Invernizzi, 2012). En América Latina, incluyendo Argentina y México, los gobiernos han descansado en las normas técnicas nacionales copiadas de la ISO (International Organization for Standardization) para todo lo relativo a regulación de nanotecnologías (Anzaldo Montoya & Chauvet, 2016; Foladori, 2017; Foladori, Záyago Lau, et al., 2024); aunque es bien sabido que tales normas son voluntarias y la ISO una organización que representa intereses corporativos.

Esta falta de interés público por analizar los riesgos de las investigaciones en nanotecnologías se expresa también en el hecho de que los cursos de especialización y superiores en nanotecnologías no incluyen en su mayoría temas de regulación y riesgos, lo cual se convierte en contraproducente cuando los científicos latinoamericanos se enfrentan con esa problemática en condiciones de fragilidad profesional frente a colegas de fuera de la región (Foladori, Villa, et al., 2024; Villa, 2024).

Estrechamente ligado a las nanopartículas, aunque abarcando a los productos químicos en general, está la incertidumbre teórica, metodológica y técnica derivada de los análisis de riesgo que se realizan para avalar el grado de toxicidad de las innovaciones químicas. La percepción pública, política y científica -al menos la hegemónica fuertemente reduccionista- supone que los análisis de riesgo evitan que entren al mercado químicos cuya toxicidad sea perjudicial para el ser humano o el ambiente externo. Se consideran procedimientos científicos, cuando en realidad son jurídico-científicos. Tanto los procedimientos científicos para estos análisis de riesgo como las teorías que los arropan han sido largamente criticados; sin embargo, la presión de las corporaciones químicas internacionales ha logrado mantener tal visión, más ideológica que propiamente científica (Michaels, 2008; Michaels & Monforton, 2005; Thornton, 2000). Desde los años noventa el concepto de ciencia posnormal se levanta contra el reduccionismo que, en el fondo, evalúa todos los fenómenos químicos en términos de precios de mercado, escapando de las incertidumbres, ausencias, y eventuales contradicciones que surgen de las técnicas reduccionistas (Funtowicz & Ravetz, 2000). En el caso de los análisis de riesgo de los productos químicos y las nanopartículas, el costo beneficio medido en precios de mercado o precios sombra es uno de los indicadores clave para determinar el riesgo (sic) en cuestiones de salud o ambientales.[5] Desde una perspectiva de política pública el principio de precaución es un excelente recurso, aún poco empleado, para que los países de América Latina puedan enfrentar el lobby de las corporaciones químicas (Robles Berumen & Foladori, 2024).

5. La OCDE define su Regulatory Impact Assessment enfantizando el costo-beneficio: "un proceso sistemático de identificación y cuantificación de costos y beneficios ..." (OECD, 2010a).

Capítulo 2

Preliminares de la Investigación y Desarrollo de las nanotecnologías en Argentina y México: la presencia militar estadounidense

1. LA PECULIARIDAD DE LOS PRODUCTOS BÉLICOS

Las nanotecnologías constituyen la más amplia revolución tecnológica de comienzos de este siglo, y las nuevas tecnologías que le siguieron como la inteligencia artificial subsumieron a las nanotecnologías como materia prima de sus dispositivos, no las relegaron. Las inversiones en nanotecnología crecen sostenidamente desde el año 2000, cuando los Estados Unidos lanzaron su millonario programa de investigación (Interagency Working Group on Nanoscience, Engineering and Technology, 2000), y muchos otros países del mundo lo siguieron. Como cualquier otro producto, aquellos resultados de las nanotecnologías deben pasar el examen del mercado para demostrar su superior utilidad y/o ventajoso precio frente a los productos convencionales competitivos. El consumo tiene un cierto papel en evaluar la utilidad y el precio relativo de las mercancías y las empresas productoras reaccionan a ese mercado mejorando el producto para posesionarse frente a la competencia.

Los productos bélicos también son evaluados por los consumidores pero, a diferencia de los civiles, en los militares el consumo consiste en usarlos en situaciones de guerra. La utilidad del producto se mide por la eficiencia en el combate o la posibilidad de burlar las defensas enemigas, en el espionaje, etcétera. Así, por ejemplo, la armada de los Estados Unidos considera como objetivo de la investigación básica en nano-electrónica el "incremento de la capacidad de sobrevivir mediante la advertencia de situaciones", el "incremento de la movilidad gracias a poderosos electrónicos", la "reducción de los costos de operación y soporte", el "incremento de C4ISR [6] y la capacidad mortífera (ver primero, disparar primero, dar en el blanco)", e "incrementar la sustentabilidad y reducir la huella logística" (Lau, 2004). [7] La gran diferencia entre los productos de consumo civil y los de consumo militar es que mientras los primeros se consumen más o menos regularmente según las necesidades, los militares sólo se pueden consumir cuando existen guerras. Si no hay guerras donde aplicar los productos es como si no existiese invierno que demande la venta de calefactores. Mientras que la industria de calefactores no puede provocar inviernos, los estados que destinan fondos a la IyD (Investigación y Desarrollo) en armamento sí pueden y de hecho provocan guerras. El análisis de la IyD en nanotecnologías para la industria militar tiene así su peculiaridad. Cuando los Estados Unidos lanzaron su programa gubernamental de apoyo a las nanotecnologías destinaron cerca de un tercio del presupuesto para investigaciones directamente militares y en torno de ese porcentaje se ha mantenido o aumentado. Esto es alarmante, ya que como anotan Altmann y Gubrud (2004) esa política induce a otros países a invertir en nanotecnologías bélicas. En el caso que nos ocupa, el de América Latina, la característica es aún más llamativa, ya que en la orientación de IyD en nanotecnologías bélicas tiene presencia un país extranjero, los Estados Unidos. De esta manera, las contribuciones latinoamericanas en IyD bélico ni siquiera tienen la excusa de inscribirse dentro del eufemismo "defensa" como lo son todas las estadounidenses financiadas o supervisadas por el Departamento de Defensa (DoD).

6. Los C4ISR son sistemas de comunicación, comando, control, computación vigilancia y reconocimiento.
7. La mayoría de las referencias a documentos militares de los Estados Unidos fueron retirados de las páginas web de acceso libre. En este documento ponemos la referencia localizada entre 2005 y 2006 cuando eran e libre acceso.

2. LA NEUTRALIDAD CIENTÍFICA UNA VEZ MÁS EN DISCUSIÓN

Es probable que la mayoría de los científicos latinoamericanos que participan en proyectos de investigación o en reuniones científicas financiadas por instituciones militares estadounidenses lo hagan considerando que su investigación es ciencia pura, nanociencia y no nanotecnología, investigación básica y no aplicación. Desde las bombas atómicas lanzadas sobre Hiroshima y Nagasaki a finales de la Segunda Guerra Mundial esta es una eterna discusión. Vale la pena, sin embargo, destacar dos elementos, si no nuevos, al menos más claros hoy en día. El primero se refiere a la cada vez menor distancia temporal y práctica entre las llamadas ciencias básicas y su aplicación. La agudización de la competencia capitalista presiona para reducir los ciclos de rotación del capital. Burrus & Gittines (1993) muestran cómo se fue acortando progresivamente, en el correr del último siglo y medio, la distancia entre la invención de un producto y su producción para el mercado. El siguiente cuadro es un resumen.

Reducción del tiempo entre invención y aplicación			
Producto tecnológico	**Año de invención**	**Año de producción**	**Tiempo de desarrollo**
Luz fluorescente	1852	1934	82 años
Radar	1887	1933	46 años
Pluma de punto rodante	1888	1938	50 años
Cremallera para ropa	1891	1923	32 años
Papel Celophane	1900	1926	26 años
Cohetes	1903	1935	32 años
Helicóptero	1904	1936	32 años
Televisión	1907	1936	29 años
Khodachrome	1910	1935	25 años
Transistor	1940	1950	10 años

Fuente: (Burrus & Gittines, 1993)

Si tomamos la rama de las comunicaciones esto es aun más nítido. Según Gutiérrez Espada (1979) la fotografía tardó 112 años (1727-1839) entre el descubrimiento y su comercialización, el teléfono 56 años (1820-1876), la radio 35 años (1867-1902), el radar 15 años (1925-1940), la televisión 12 años (1922-1934), y el transistor 10 años. Y, desde 1972, se viene aplicando la Ley de Moore, según la cual cada 18 meses se duplica la capacidad de los microprocesadores. El resultado es una ciencia guiada por intereses comerciales y preocupada por poner en el mercado lo antes posible los potenciales productos.

La nanotecnología es un ejemplo elocuente; es difícil argumentar que no se sabe en qué se van a aplicar los descubrimientos, porque en el caso de los productos bélicos la velocidad en su aplicación es explícita. Un informe elaborado para el Departamento de Defensa de los Estados Unidos coloca en el primer lugar de sus cinco recomendaciones finales:

> ... acelerar la transición de los materiales, del concepto al servicio. El Departamento de Defensa (DoD) debe presupuestar fondos para la transición de la investigación-al-desarrollo y concebir un método para seleccionar tempranamente los avances en materiales donde concentrar los fondos. DoD debe adoptar medidas para mejorar la comunicación entre los investigadores de materiales y los usuarios (NMAB, 2003).

Aunque para los investigadores latinoamericanos asociados a proyectos o reuniones patrocinadas por el aparato militar estadounidense exista una distancia entre la ciencia pura y la aplicación, para el Departamento de Defensa estadounidense toda investigación es pura aplicación. Por lo demás, la Enmienda Mansfield de 1973 limitó expresamente las asignaciones para investigación en defensa (a través de ARPA/DARPA de los Estados Unidos) únicamente a proyectos que tuvieran aplicación militar directa (Wikipedia- Enmienda Mansfield), lo cual descarta legalmente cualquier posibilidad de que el Departamento de Defensa de los Estados Unidos o sus brazos financien ciencia pura sin relación expresa con aplicaciones militares.

Otro elemento que borra la diferencia entre ciencia pura y aplicada o, en nuestro caso, entre nanociencias y nanotecnologías, es el hecho de que en la producción del conocimiento (IyD) participan creciente y conjuntamente los físicos, químicos y biólogos con los ingenieros, técnicos en informática, y otros técnicos. La propia iniciativa estadounidense en nanotecnología llama "Converging Technologies" a la reunión de la nanotecnología, biotecnología, tecnologías de la información y ciencias cognitivas. Un documento de la UNESCO sobre la Ética y Política de la Nanotecnología argumenta que mucha de la investigación básica requiere de instrumentos, prácticas, materiales y técnicas que son esencialmente tecnología, como lo son las computadoras, *softwares*, microscopios complejos e instrumentos para la manipulación y medición química y física. De igual forma, muchas actividades que podemos llamar ingenieriles, porque se refieren a la creación de dispositivos o máquinas, son vistas hoy en día por los científicos como "investigación fundamental" sobre la mecánica de la naturaleza; es por esto que cuando nos referimos a las nanotecnologías la ciencia y la tecnología están estrechamente interconectadas y son interdependientes (UNESCO, 2006, p. 4).

Visto desde la perspectiva de los científicos involucrados puede, ciertamente, haber una diferencia. Como las nanotecnologías tienen entre sus principales virtudes el minúsculo tamaño y los materiales en esa escala presentan diferentes propiedades, estas tecnologías pueden ser aplicadas prácticamente a cualquier rama de la producción y servicios. Los inventos en el área bélica pueden ser rediseñados para el área civil y viceversa. Por si esta versatilidad fuese poco, la industria bélica es capaz de convertir prácticamente cualquier invento civil en aplicación militar. En 1999 el Departamento de Defensa de los Estados Unidos encomendó a un comité la realización de una investigación que identificase los materiales claves sobre los cuales realizar IyD que permitan revolucionar las capacidades de defensa. El comité, denominado National Materials Advisory Board (NMAB) publicó, en 2003, un libro donde identifica las siguientes cinco áreas: "structural and multifunctional materials, energy and power materials, electronic and photonic materials, functional organic and hybrid materials, and bioderived and bioinspired materials". Como el propio comité lo reconoce, resultó tan amplia la gama que debieron funcionar en grupos separados para considerar cada una de dichas áreas (NMAB, 2003). El resultado es que, en el mundo actual, la industria militar está tan presente en la economía de los Estados Unidos y, por ende, en la mundial, que resulta difícil que no pueda beneficiarse de los avances científicos civiles; ¿cuál sería la diferencia, entonces, entre tener una investigación directamente patrocinada por el sistema militar o por una institución civil? La diferencia sólo puede responder a una postura ética: en favor de la paz o a favor de una ciencia y tecnología (CyT) crecientemente militarizada.

Es posible, también, que muchos científicos latinoamericanos, que participan en investigaciones o reuniones patrocinadas por el sistema militar estadounidense, no lleguen a entender el interés real de los Estados Unidos por sus modestas investigaciones personales; al fin y al cabo su relacionamiento profesional es con otros científicos de los Estados Unidos y del mundo, muchos de ellos compatriotas que tienen puestos de trabajo en universidades estadounidenses pero hablan el mismo idioma y comparten las mismas costumbres. Hablan de sensores y materiales multifuncionales, de grafeno y de materiales híbridos, algo difícil de relacionar con aplicaciones bélicas. Sin embargo, para el Departamento de Defensa de los Estados Unidos la relación es muy clara, no existe nada en el mundo que sea ajeno a sus intereses militares, como el NMAB lo explicitó al inició del libro, de la siguiente forma:

> A medida que Estados Unidos, sus instituciones y sus ciudadanos interactúan en todo el mundo, pueden surgir situaciones que requieran el uso de la fuerza militar. Para salvaguardar sus intereses en un futuro previsible, Estados Unidos debe ser capaz de proyectar su poder militar en todo el mundo ...
>
> .....
>
> Mientras que otras naciones tienden a operar desde su propio territorio, por principio estratégico Estados Unidos proyecta su poder militar a larga distancia con sistemas de medio y corto alcance (NMAB, 2003, p. 1).

Por ello, el Centro Internacional de Tecnología de los Estados Unidos (U.S. International Technology Center), que es una organización que patrocina investigaciones en nanotecnología en América Latina y el mundo, tiene como misión "Apoyar la identificación, adquisición, integración y oferta de soluciones tecnológicas extranjeras para asegurar al soldado la superioridad tecnológica en el campo de batalla" (U.S. Army ITC-Atlantic, s/f).

3. PRESENCIA DIRECTA DEL SISTEMA MILITAR ESTADOUNIDENSE EN LA INVESTIGACIÓN EN NANOTECNOLOGÍA EN AMÉRICA LATINA

Aunque en algunos centros de investigación de ciertos países de América Latina ya se venía trabajando en determinadas áreas de nanotecnología desde los años noventa, el mayor impulso comienza a principios de la década de 2000. Los primeros esfuerzos oficiales por desarrollar las nanotecnologías en Brasil son del 2001, aunque el Programa de Nanociencias y Nanotecnologías más robusto es del 2004. En Argentina la Fundación Argentina de Nanotecnología arranca en el 2005. En México, sin ningún apoyo oficial directo, cerca de 500 investigadores trabajan en ramas de las nanotecnologías desde la primera década de este siglo, siendo éstos los tres países donde las nanotecnologías estaban más avanzadas durante el primer quinquenio del siglo (Foladori, 2006).

Resulta significativo que la primera avanzada extranjera de las nanotecnologías en América Latina fueran órganos militares estadounidenses. Las empresas y sus productos, así como los intentos de regulación en algunos países o los financiamientos a redes y proyectos de investigación llegaron después. Mas allá de que haya sido posiblemente casual el orden de la presencia de las nanotecnologías, su conocimiento es importante para entender la importancia de las nuevas tecnologías como instrumento estratégico militar; en particular para investigadores que corren atrás de financiamientos para sus investigaciones.

El interés militar estadounidense por el desarrollo de la C&T en América Latina es explícito; y a pesar que mucha de la información sobre recursos financieros y humanos en CyT en América Latina están disponibles en línea en la Internet, los contactos directos siempre establecen lazos personales que facilitan futuras colaboraciones. En abril de 2004 la Marina y Fuerza Aérea estadounidenses realizaron un fórum en Washington D.C., llamado Latin American Science & Technology Forum, con el explícito propósito de "incrementar el liderazgo de E.U.A en el conocimiento del progreso de la CyT en América" (ONRG, 2004). Altos representantes de las instituciones civiles de Ciencia y Tecnología de Argentina (Vice director de Conicet), de Chile (Director de FONDEF-CONICYT) y de México (Director de Investigaciones Científicas del Conacyt) presentaron el estado de avance de la Ciencia y Tecnología de sus respectivos países; como si fuese el papel de estas instituciones civiles informar al ejército estadounidense del estado de la CyT latinoamericana de vanguardia. Estos contactos de colaboración se complementan con las visitas oficiales a los países de América Latina. A fines de marzo de 2002 el Director Asociado del Área Internacional de la Oficina de Investigación Naval de la Armada de los Estados Unidos visitó la Universidad de Concepción en Chile, con el propósito de detectar las áreas de investigación que podrían ser incorporadas a un eventual programa de cooperación científica (Panorama en Internet, 2006).

Las fuerzas armadas estadounidenses tienen 3 ramas militares que financian investigación científica (incluyendo nanotecnología) en universidades públicas y privadas y centros de investigación de muchos países: el ejército, la marina y la fuerza aérea. Estos tres brazos trabajan conjuntamente en CyT en los Centros Internacionales de Tecnología. Para fines organizativos existen el ITC-Atlantic con sede en Londres y cobertura para Europa, África y parte de Asia, incluyendo el área de la ex Unión Soviética; el ITC Pacific, con sede en Tokio y cobertura para el resto de Asia y cono sur de África; y , en 2004 se funda el ITC-Americas en Santiago de Chile, con cobertura para toda América y el Caribe, incluyendo Canadá (U.S. Army ITC-Atlantic, s/f). Al igual que el resto de las sedes regionales, la intención del ITC-Américas con sede en Santiago de Chile es:

> Fomentar las relaciones de cooperación entre el Ejército de Tierra de EE.UU. y las entidades de investigación y desarrollo (I+D) del sector privado, universitario y de la administración civil, que den lugar a una cooperación cientí-

fica y tecnológica de vanguardia que beneficie a las instituciones civiles y respalde los programas actuales y los objetivos futuros del Ejército de Tierra de EE.UU (International Division U.S. Army Research, & Development and Engineering Command, 2004).

El apoyo directo a las investigaciones en nanotecnología no llegó atrasado. La página de la Marina señala que desde 2004 tiene financiado un proyecto con el Centro Atómico Bariloche de la Argentina y en colaboración con la University of Michigan, la Brown University, y el Naval Research Laboratory; y otro proyecto que comenzó el mismo año con la Universidad de San Pablo en Brasil (ONRG, 2004). Pero, para financiar hay que conocer a los científicos que pueden ser de interés para el ejército estadounidense, de manera que la Marina en asociación con la Fuerza Aérea realizaron tres seminarios internacionales en América Latina sobre uno de los principales temas de interés del Departamento de Defensa de los Estados Unidos: los materiales multifuncionales (NMAB, 2003). Materiales multifuncionales son aquellos que reúnen la doble propiedad de desarrollar funciones de integridad estructural (durabilidad, sobrevivencia, seguridad) y al mismo tiempo funciones eléctricas, magnéticas, ópticas, térmicas, biológicas, etcétera. La base de estos nuevos materiales es la micro y nanotecnología, y es uno de los intereses básicos de la investigación y desarrollo en América Latina, tanto de la Armada como de la Fuerza Aérea de los Estados Unidos (AFOSR (Air Force Office of Scientific Research), 2005).

Los seminarios fueron organizados por latinoamericanos que trabajan en universidades de Estados Unidos y otros estadounidenses, facilitando así el contacto con paisanos de América Latina. Aunque la mayor cantidad de participantes fueron de Estados Unidos, la presencia de investigadores de América Latina fue creciendo con la sucesión de los seminarios. El primero fue realizado en Pucón, Chile, en octubre de 2002, y de los 44 participantes hubo tres de Argentina (Centro Atómico Bariloche –CAB y Universidad de Buenos Aires –UBA), dos de Brasil (Laboratório Nacional de Luz Sincrotón –LNLS y Pontificia Universidad Católica de Río de Janeiro PUC-RJ), uno de México (Centro de Investigaciones en Materiales Avanzados del Instituto Politécnico Nacional -CINVESTAV-IPN), tres de Chile (Pontificia Universidad Católica de Chile -PUC-Chile y Universidad Tecnológica Federico Santa María -UTFSM); es decir, nueve 9 de América Latina. El segundo seminario fue realizado en Huatulco, México, en octubre de 2004; y de los 35 participantes 12 fueron de Latinoamérica; cinco de Argentina (CAB, UBA, Centro Atómico Constituyentes -CAC, y Comisión Nacional de Energía Atómica -CNEA, uno de Brasil (LNLS), tres de México (CINVESTAV-IPN, Universidad Nacional Autónoma de México -UNAM), dos de Chile (PUC-Chile y UTFSM) y uno de la Universidad del Valle de Colombia. El tercer seminario fue realizado en marzo de 2006 en Bariloche, Argentina. Allí se reunieron 35 científicos, seis de Argentina (CAB, CNEA, CAC, y UBA), tres de Brasil (LNLS, Universidade Estadual de Campinas-Física, y Universidade Federal da Bahía), dos o tres de México (CINVESTAV-IPN y con invitación sin confirmar la asistencia del Instituto Potosino de Investigaciones en Ciencia y Tecnología, y uno de la Universidad de Chile (ONRG, 2004; Ulloa, 2004; U.S Embassy Chile, 2006). Es decir, de menos de un cuarto en la primera reunión pasaron los latinoamericanos a ser aproximadamente un tercio en los subsiguientes encuentros.

La presencia militar estadounidense en la investigación de nanotecnología en América Latina no se reduce a las instituciones militares de ciencia y tecnología. Acuerdos más generales cobijan la posibilidad de futuras investigaciones, como es el caso de la firma por el gobierno mexicano del tratado Security and Prosperity Partnership of North America (SPPNA) con Estados Unidos y Canadá en 2005. El tratado incluye la colaboración científica en IyD en áreas como biotecnología y nanotecnología, bajo un marco directamente influenciado por sectores militares (SPPNA, 2005). Tampoco se reduce a la relación del sector civil con el militar de los Estados Unidos, sino que los propios ejércitos latinoamericanos discuten las posibilidades de la CyT para sus fines, como ocurrió en la ciudad de Buenos Aires, en junio de 2006, donde expertos representaron los ejércitos de Argentina, Bolivia, Brasil, Canadá, Chile, Colombia, Ecuador, El Salvador, México, Guatemala, Nicaragua,

Paraguay, Perú, Uruguay, República Dominicana y Venezuela, en la conferencia titulada *The Contribution of Science and Technology to support Peace Keeping Operations and Disaster Relief Operation in Catastrophes*, y cuyas expectativas van más allá de lo que el título indica, como cuando recomiendan futuros encuentros anuales para discutir temas como: "Aplicación de tecnologías «no letales» para el control de multitudes; purificación y distribución de agua; generación de energía eléctrica; conservación de alimentos" (USARSO, 2006).

4. LA COLABORACIÓN CIENTÍFICA-MILITAR ARGENTINA CON LOS EUA A COMIENZOS DEL SIGLO XXI

Al igual que en muchos otros países de América Latina y el mundo, para principios del siglo XXI los científicos de Argentina estaban al tanto de los grandes potenciales que las nanotecnologías podían ofrecer. De allí que, a principios del 2004, organizaran mediante la Secretaría de Ciencia, Tecnología e Innovación Productiva, que formaba parte del Ministerio de Educación, Ciencia y Tecnología, el primer taller de nanociencias y nanotecnologías en Argentina. Allí llamaron a la conformación de una red académica a nivel nacional, que luego se subdividió temáticamente. Este impulso fue decisivo para que meses después la Agencia Nacional de Promoción Científica y Tecnológica abriera una convocatoria para un Área de Vacancia en nanociencias y nanotecnologías. Se trató del primer financiamiento público explícitamente dirigido a las nanociencias y nanotecnologías (Andrini & Figueroa, 2008). Paralelamente el ministro de economía creaba la Fundación Argentina de Nanotecnología, que buscaba articular junto a la corporación norteamericana Lucent Bell Technologies con el propósito de asociarse con quien tuviese algún camino ya trazado en los procesos de producción de nanopartículas pero, sobre todo, para que los científicos argentinos pudieran apoyarse en laboratorios con equipos sofisticados en los Estados Unidos, caso de los laboratorios de la corporación en New Jersey, a falta de los mismos en Argentina (Sametband, 2005). Luego la Fundación fue reemplazada por el Plan Nacional Estratégico de Desarrollo de Micro y Nanotecnologías (Proyecto de Ley Marco para el Plan Nacional Estratégico de Desarrollo de Micro y Nanotecnologías., 2005). La apuesta por una parcería con Lucent Bell Technologies respondía a colaboraciones previas que la corporación tenía con el Centro Atómico Bariloche (Sametband, 2005).

La iniciativa con la Lucent Bell Technologies resultaba políticamente incorrecta para algunos, ya que la corporación tenía importante relación con el sector militar de los Estados Unidos. En el mismo año 2004 en que negociaban el acuerdo, la Lucent Bell Technologies ganaba un contrato aprobado por el DARPA (Defense Advance Research Projects Agency), que es la agencia de investigaciones del Departamento de Defensa de los Estados Unidos, por un monto de 9.5 millones de dólares y con duración de cuadro años. El contrato significaba la coparticipación entre el Space and Naval Warfare Systems Center de San Diego y la Lucent Bell Technologies. El SNWSC asesoraba a la marina norteamericana en cuestiones de seguridad, reconocimiento, comunicaciones, inteligencia y otros. La experiencia en nanotecnologías era importante porque esa asociación significaba también subministrar microsistemas y nano dispositivos que funcionaran más rápido y fuesen más seguros para las aplicaciones militares (*DARPA Selects Lucent Technologies to Provide Nanotechnology For Advanced Military Systems*, 2004)

La relación entre instituciones militares de los Estados Unidos y núcleos institucionales de científicos argentinos salió a la luz pública mediante artículos periodísticos, particularmente en *Página 12*. No tardó en llegar al Congreso argentino una polémica sobre un proyecto de investigación que la Marina de los Estados Unidos tenía en colaboración con el Instituto Balseiro, este último un organismo público creado después de la Segunda Guerra Mundial y parte de la Comisión Nacional de Energía Atómica, para estudiar el uso de energía atómica con fines pacíficos. El proyecto en cuestión era financiado por el Departamento de Defensa de los Estados Unidos y se relacionaba con nanomateriales para sensores, luego divulgado por la prensa que serían de interés de submarinos de la

Marina norteamericana En su momento, a una consulta periodística al director del proyecto la respuesta fue cuanto menos inocente, diciendo que ellos hacían ciencia neutra, y que los resultados de su aplicación no eran de la incumbencia del proyecto (Cámara de Diputados de la Nación., 2005; Cámara de Diputados de la Nación Argentina, 2006; Ferrari, 2005a, 2005b, 2006b, 2006a).

Inmediatamente el Comité Nacional de Ética en Ciencia y Tecnología emitió un comunicado sugiriendo la regulación de las investigaciones y limitando eventualmente aquellas financiadas por fuerzas armadas extranjeras. Al mismo tiempo, en el parlamento, el Comité de Ciencia y Tecnología de la Cámara de Representantes hacía un pedido de informes sobre las investigaciones científicas que se estaban realizando con fondos del Departamento de Defensa de los Estados Unidos (Puig-de-Stubrin & Negri, 2005).

A este debate político de 2005 se sumó el descontento con el seminario sobre materiales multifuncionales financiado por la Marina y la Fuerza Aérea estadounidenses en marzo de 2006. Inmediatamente salieron notas periodísticas sobre el hecho (Ferrari, 2006b). El propio gerente del Centro Atómico Bariloche, que indirectamente albergó el seminario al involucrar uno de sus principales investigadores en la organización del evento, cuestionó el seminario. La junta interna del Sindicato de Trabajadores del Estado redactó una carta de crítica (Asociación de Trabajadores del Estado, 2006). Hubo un pedido de informes en la Cámara de Diputados de la Nación (Cámara de Diputados de la Nación Argentina, 2006). Los desacuerdos llegaron al ejecutivo de la república y el gerente del Centro Atómico Bariloche renunció (Rio Negro online, 2006a, 2006b).

5. LA COLABORACIÓN CIENTÍFICA-MILITAR MEXICANA CON LOS EUA A COMIENZOS DEL SIGLO XXI

Las colaboración científica entre México y los EUA tiene larga data. Iniciado el siglo XXI la colaboración en materia militar adquiere mayor presencia y se incrementó la participación de científicos mexicanos en proyectos de investigación compartidos con laboratorios y/o empresas militares de los EUA.

El ASPAN (*Security and Prosperity Partnership of North America* – SPPNA), fue un acuerdo firmado en 2005 entre los tres gobiernos del TLCAN (Tratado de Libre Comercio de América del Norte) para sustentar el desarrollo económico en el marco de criterios de seguridad y militares.[8] Bajo los acuerdos del ASPAN se crearon proyectos científicos de investigación bilateral, como el Laboratorio Binacional de Sustentabilidad (LBS) instalado a auspicios de los Sandia National Laboratories (SNL) teniendo como contraparte mexicana al CONACYT (SER, 2003).[9]

Los SNL son laboratorios militares estadounidenses que funcionan bajo el régimen GOCO (*government-owned/contractor operated*), basado en la propiedad estatal y la administración privada. El primer GOCO fue el Alamos National Laboratory, administrado por la Universidad de California para formar parte del proyecto Manhattan que elaboró la bomba atómica durante la Segunda Guerra Mundial. Los SNL pasaron por diversas administraciones hasta la actual de Lockheed Martin, que es una empresa mundial de producción de armamento.

A partir de 1998, durante la administración Reagan, un militar de alto rango creó y dirigió el Advanced Concepts Group (ACG) al interior de los SNL, con el propósito de enfrentar los problemas de narcotráfico, terrorismo y seguridad interna mediante el desarrollo socioeconómico de la frontera México-EUA instalando parques de alta tecnología. A partir del año 2000, los SNL comienzan a investigar profusamente en MEMS/NEMS (*micro-nano electromechanical systems*) buscando integrar una contraparte mexicana, que fue FUMEC.

8. El ASPAN fue disuelto en 2009 por haber sido creado violando la legalidad de los tres países miembros al no haber pasado por los Congresos.
9. Este laboratorio tuvo vida corta al igual que el ASPAN; pero fue refundado en 2009 por el mismo Advance Concepts Group de los Sandia National Laboratories (https://bi-national-sustainability-laboratory.org/who-we-are/).

FUMEC (Fundación México-Estados Unidos para la Ciencia),[10] se creó en 1993 como una organización binacional sin fines de lucro, con el propósito de intercambiar deuda por ciencia y desarrollo y estuvo administrada por universidades norteamericanas y el Conacyt; y fondos de la National Science Foundation, entre otros. La iniciativa surgió del encargado del Comité de Ciencia, Tecnología y el Espacio de la Cámara de Representantes de los Estados Unidos, que era un conocido pacifista (Brown Jr. & Sarewitz, 1991). Pero, en 2002, luego del atentado terrorista de las Torres Gemelas en Nueva York y de haber fallecido el iniciador de la FUMEC en 1999, esa institución sufre un cambio radical en su orientación y se inclina hacia la seguridad y la industria militar, apoyando así la creación del Laboratorio Binacional de Sustentabilidad (BNSL). El BNSL comenzó a funcionar en 2003, (oficialmente lanzado en 2005). En la inauguración, el vicepresidente de los SNL dijo:

> Ésta será una magnífica oportunidad para que los esfuerzos técnicos colaborativos mejoren la seguridad en la frontera ... es una oportunidad perfecta para continuar trabajando con Canadá y México para fomentar un enfoque continental en la lucha contra el terrorismo (Eurekalert, 2005).

El acuerdo para la implantación del BNSL fue impulsado por el Departamento de Comercio y la Agencia de Desarrollo Económico de los EE.UU, el Departamento de Desarrollo Económico del Estado de Nuevo México, y por los SNL que lo programó. La contraparte mexicana fue el CONACYT por acuerdo del entonces presidente de México Vicente Fox. Las negociaciones fueron impulsadas por la FUMEC (Eurekalert, 2005). A partir de comienzos de este siglo los BNSL agregan a su agenda de investigación los MEMS/NEMS (BNSL, s. f.), un tema largamente trabajado en los SNL y de gran interés militar para el gobierno de los EUA.

10. Para una revisión más amplia de la FUMEC véase Foladori, G., Záyago Lau, E., Anzaldo, M., & Robles Belmont. (2024). Las políticas públicas de las nanotecnologías en México en el contexto de la incidencia de instituciones y organismos internacionales. En G. Foladori & L. Villa (Eds.), *Perspectivas sociales de las nanotecnologías en México* (pp. 79-100). Tirant, Humanidades.

Los MEMS/NEMS son minúsculos dispositivos electrónicos montados sobre materiales semiconductores que tienen múltiples usos y comienzan a aplicarse en los años ochenta. La industria automotriz utiliza diversos MEMS, como los sensores de las bolsas de aire hasta los de medición de la presión de las llantas. También se utilizan en impresoras, computadoras y sistemas Wi-Fi, aeronavegación, videojuegos, salud, energía y muchas otras industrias, como en cabezas de misiles y otras armas inteligentes y de precisión. Un informe del DoD (Department of Defense) estimaba que en 1995 el gobierno invirtió millones de dólares en IyD de MEMS, siendo 30 % de ellos dirigidos a instituciones militares (ODDRE, 1995). Los SNL son de los primeros que reciben financiamiento para investigar en MEMS, y para fines de los 90 desarrollan una tecnología para producir MEMS por capas (tecnología SUMMIT). La tecnología es probada por industrias para uso civil. Así lo reconoce el administrador del proyecto de MEMS de SNL:

> En última instancia, Sandia quiere usar MEMS en los sistemas de armas. Pero Sandia no puede fabricar todas las piezas necesarias por sí mismo, por lo que el laboratorio está ofreciendo su propia tecnología MEMS y servicios de fabricación para la industria, con la esperanza de impregnar el mercado de MEMS (Matsumoto, 1999).

Pronto, la tecnología SUMMIT es difundida en México mediante el convenio con la FUMEC.

De los varios proyectos del BNSL uno de los más ambiciosos es el *clúster* de MEMS/NEMS de Paso del Norte. Incluye una serie de instituciones de investigación. Del lado de los EUA, la University of Texas-El Paso, la New Mexico State University, el New Mexico Tech, El Paso Community Collage y el TVI Community Collage. Del lado mexicano, la Universidad Autónoma de Ciudad Juárez (UACJ), el Campus Juárez del Tecnológico de Monterrey y el Centro de Investigaciones en Materiales Avanzados (CIMAV). Del lado institucional y empresarial participan en los EUA los SNL, la Delphi Corporation y la Team Technology (Acosta, 2006).

Para efectos del desarrollo de MEMS en México, la FUMEC lanza, en 2002 y en colaboración con la Secretaría de Economía, una convocatoria que lleva a la creación de la Red Nacional de CD-MEMS, donde participan cerca de una docena de universidades y centros de investigación (Robles Belmont, 2010).

En 2003 FUMEC organiza el primer encuentro MEMS con la participación de los SNL y MANCEF [11] y empresas estadounidenses y de capital de riesgo. La representación mexicana es prácticamente política y académica, ya que no había antecedentes de investigación/producción de MEMS en México. La idea de FUMEC era crear las bases para que el complejo MEMS pueda suministrar productos y fuerza de trabajo calificada a maquiladoras instaladas en México (e.g. industria automotriz, electrónicas y comunicaciones) e integrar a pequeñas industrias en la cadena productiva, buscando afianzar territorialmente y en su cadena productiva a una industria maquiladora que, por su naturaleza, es altamente móvil, flexible en la compra de sus insumos, y vulnerable a los ciclos económicos (OECD, 2010b). En el Estado de Jalisco, y también en la frontera con Estados Unidos, en los estados de Baja California y de Chihuahua, existen instalaciones de corporaciones transnacionales electrónicas, como Intel, HP, Sony, Motorota, IBM, Freescale, que ensamblan productos (pantallas de LCD, computadores, electrodomésticos) y que podrían convertirse en clientes de MEMS producidos en México.

El presidente de México Vicente Fox fue explícito al señalar en una conferencia en Nueva York en septiembre de 2003 que el centro del desarrollo económico serían las tecnologías de la información. La conferencia fue organizada por FUMEC, el CONACYT y AMD, esta última una

11. "La Micro and Nanotechnology Commercialization Education Foundation (MANCEF) es una asociación centrada en la comercialización de pequeñas tecnologías. Como una organización educativa sin fines de lucro, nuestro propósito es facilitarles contactos y educación a aquellos que traen tecnologías emergentes al mercado" (http://www.mancef.org/). Los SNL y Lockheed Martin también participan de esta organización.

empresa de California que produce circuitos integrados por la industria de la computación y comunicaciones FUMEC identifica a esta conferencia como el punto de inflexión en la política de su institución, que pasaría a volcarse a actividades más directamente relacionadas con negocios binacionales, distanciándose de su espíritu original que se enfocaba en problemas ambientales y de salud en la frontera.[12]

A partir de 2004, la FUMEC impulsa la articulación productiva de MEMS en México, y, para ello, se estableció un programa en etapas. La primera sería la instalación de laboratorios de modelado y diseño de MEMS, que es la etapa más barata y virtual; posteriormente se establecerían laboratorios para fabricación de prototipos y caracterización, por último laboratorios para empaque. Para finales de 2010 ya se habían montado varios laboratorios en México. Los principales son: los dos laboratorios del Instituto Nacional de Astrofísica, Óptica y Electrónica, con sede en el Estado de Puebla y que disponen de cuartos limpios con capacidad para elaborar prototipos y caracterización; el Laboratorio de la Facultad de Física de la Universidad Nacional Autónoma de México en el Distrito Federal, también con disposición de cuartos limpios capaces de elaborar prototipos y caracterización y trabajar con BIOMEMS; el Centro de Investigación en Micro y Nanotecnología de la Univesidad Veracruzana en Boca del Rio en Veracruz, también con capacidad de generar prototipos y caracterización; y el Laboratorio de Innovación en MEMS de la UACJ, especializado en empaque de MEMS en asociación con los SNL. Además de estos laboratorios, media docena de otras universidades tienen centros de investigación en diseño y modelado de MEMS.

12. "Se tornó visible como resultado de esa larga reunión [septiembre de 2003 en Nueva York] que FUMEC tenía que cambiar para poder enfrentar las oportunidades emergentes en el ámbito binacional" (carta del director de la Junta de Gobernadores, Jaime Oxaca, Fundación México-Estados Unidos para la Ciencia, *Biennial Activities Report 2004-2005* (2006), México D.F., The United States-Mexico Foundation for Science, en http://fumec.org.mx/v5/htdocs/RepEng04_05.pdf, visitada el 2 de noviembre de 2010.

Mediante la Red CD-MEMS se pretende articular los diferentes laboratorios y centros de manera de que exista una relativa división del trabajo, y se pueda pasar de una etapa del proceso de producción a otra en diferentes unidades. No todos estos laboratorios y centros de investigación tienen conexión directa o alguna con los SNL de Nuevo México, EUA, y tampoco producen MEMS con propósitos militares. Aunque existen proyectos de investigación que trabajan en asociación con los SNL y muchos otros cuyos investigadores toman cursos en los programas SUMMIT, que son propiedad de los SNL («Provee Juárez microtecnología al mundo», 2008). Pero, a través del BNSL, que es cofinanciado por el CONACYT y los SNL, prácticamente toda la Red CD-MEMS se articula con los SNL de New México.

Según la página web de los BNSL, a febrero de 2011, CONACYT, CIMAV y UACJ actuaban como socios académicos por el lado mexicano, además de FUMEC como organización binacional. Por el lado estadounidense había un gran número de empresas e instituciones académicas, así como instituciones públicas como el U.S. Department of Commerce/ Economic Development Administration y, obviamente los SNL que fueron los mentores del proyecto.

En la actualidad toda la tecnología de punta es de doble propósito, lo cual significa que puede ser utilizada para fines civiles o militares indistintamente. La diferencia sólo puede ser ética, lo cual supone que la formación de los programas universitarios de ciencias fisicoquímicas, matemáticas, biológicas y otras incluyan las implicaciones sociales y éticas en los programas de estudio.

6. DOS POLOS DEL ENFOQUE GUBERNAMENTAL SOBRE CIENCIA Y TECNOLOGÍA A PARTIR DE LA DÉCADA DEL 2020 EN ARGENTINA Y MÉXICO

En diciembre de 2023 fue electo presidente de la República Argentina el economista Javier Milei. En abril de 2025, es decir, a un año y medio del mandato el CIICT (Centro Iberoamericano de Investigación en Ciencia, Tecnología e Innovación) publicó uno de sus informes periódicos sobre el estado del SNCTI (Sistema Nacional de Ciencia, Tecnología e Innovación de Argentina). El detallado informe muestra resultados que han sido considerados críticos para la ciencia en Argentina (Lavagnino, 2025) y denunciados a nivel internacional (De Ambrosio & Koop, 2024; Orfila, s. f.). Uno de los gráficos que contiene el informe de EPC-CIICT resume crudamente el estado de la constante y creciente destrucción del SNCTI en Argentina.

Variación de empleos en los Organismos de CyT en Argentina entre diciembre 2023 y mayo 2025

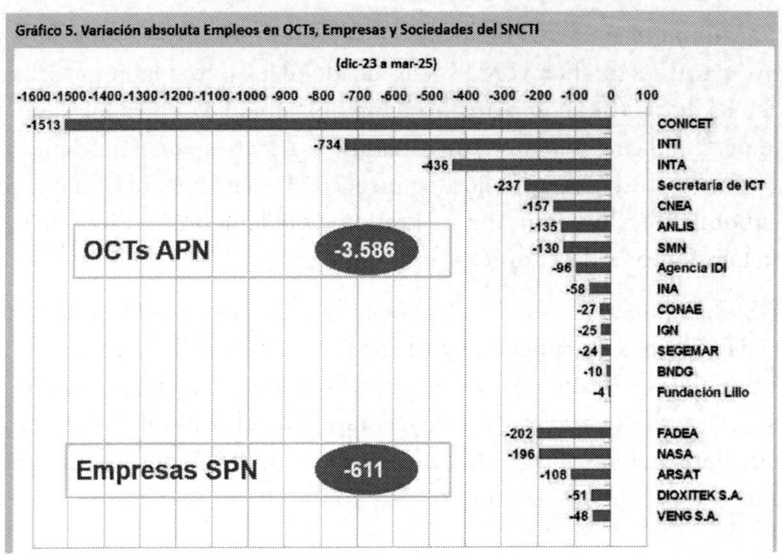

Fuente: Lavagnino, N. (director E. (2025, mayo 5). *Informe de evolución de Empleo y RRHH del SNCTI – Abril 2025—Grupo EPC*. https://grupo-epc.com/informes/informe-de-evolucion-de-empleo-y-rrhh-del-sncti-abril-2025/

Nótese que el gráfico incluye los organismos correspondientes a la Administración Pública Nacional (APN) en ciencia, tecnología e innovación y también al sector privado. El organismo que más perdió empleos ha sido el CONICET, con 1513, mismo que promociona el desarrollo de la ciencia y tecnología en Argentina desde 1958. Dos instituciones directamente ligadas a las nanotecnologías, el Instituto de Nanociencia y Nanotecnología y la Fundación Argentina de Nanotecnología sufrieron la renuncia de sus titulares a principios del 2025 argumentando restricción de fondos y enlentecimiento de procesos (El Cordillerano, 2025; Porto, 2025).

Un año antes, en abril de 2024 el directorio de la Agencia Nacional de Promoción Científica y Tecnológica (ANPCyT) renunció en bloque, justificando la imposibilidad de continuar trabajando cuando se corta el presupuesto y se enlentecen las funciones administrativas. Un medio de divulgación científica anclado en la Facultad de Ciencias Exactas y Naturales de la Universidad de Buenos Aires coloca en su página web una cita de justificación de la renuncia:

> "A pesar de haber realizado denodados esfuerzos como vocales del directorio –máxima autoridad del organismo– para arbitrar los medios a nuestro alcance en búsqueda de evitar el desmantelamiento, la parálisis y la destrucción institucional, nos vemos obligados a denunciar la situación de deterioro institucional, que corroe los objetivos para los cuales el organismo fue creado", señala uno de los párrafos de la declaración con la cual los nueve vocales que integran el Directorio de la Agencia dieron a conocer públicamente, el viernes 12 de abril, su renuncia en bloque al organismo (Rocca, 2024).

Dentro del proceso de desmantelamiento de las instituciones de ciencia y tecnología en Argentina las ciencias sociales son particularmente desconsideradas por el presidente Milei, que las entiende como inútiles para el desarrollo (5 Minutos de Noticias, 2025). En una entrevista para Le Point el presidente responde a la pregunta sobre los planes que tiene para el Conicet:

> Los planes para que la ciencia, digo, que la ciencia sea ciencia, digamos, que no sea propaganda política ... No me gustan las aplicaciones a todo lo que tiene que ver con las ramas sociales [en referencia al plan para quitar el área de ciencias sociales que representa un 25% del organismo] (tomado de LaPolíticaOnline, 2025).

La situación de la ciencia en Argentina desde finales del 2023 contrasta con lo que años antes, desde finales del 2019 ocurre en México. Mientras en Argentina el Presidente Milei pretende que las instituciones e investigadores consigan fondos para la investigación por cuenta propia y sin el apoyo del Estado nacional; y se ensaña con las ciencias sociales que por su carácter de análisis y eventual crítica de la sociedad las convierte en foco de rechazo del presidente, en México el gobierno del presidente Andrés López Obrador tres años antes promueve mediante el CONACYT (Consejo Nacional de Ciencia y Tecnología) la incorporación de las humanidades y ciencias sociales con igual nivel de jerarquía que las ciencias fisicoquímicas y de la vida. En el año 2023 se expide la Ley General en Materia de Humanidades, Ciencias, Tecnologías e Innovación, donde se garantiza "el derecho humano a la ciencia conforme a los principios de universalidad, interdependencia, indivisibilidad y progresividad, con el fin de que toda persona goce de los beneficios del desarrollo de la ciencia y la innovación tecnológica" (DOF, 2023, p. 1); lo anterior conlleva el reconocimiento de la Ciencia y la Tecnología como un derecho humano, para amplificar el beneficio tecnológico. Para finales de 2024 pasa a llamarse Consejo Nacional de Humanidades, Ciencia y Tecnología, y luego transformado en Secretaría (nivel ministerial) como Secretaría de Ciencia, Humanidades, Tecnología e Innovación (SECIHTI).

La inclusión del término humanidades en la ley de ciencia y tecnología y en la institución y luego el ministerio correspondiente visualiza lo que significan una serie de cambios de importancia, como la incorporación del criterio de incidencia social para evaluar algunas áreas de los proyectos de investigación o la consideración de organizaciones sociales como contraparte en las investigaciones, al igual que lo ha venido siendo el sector empresarial (Foladori, 2024).

Las ciencias sociales no deben ser genéricamente consideradas opuestas al desarrollo capitalista, que podría suponerse la mecánica y reduccionista visión del presidente Milei sobre ellas. Tomemos el caso, de la ANPCyT (Agencia Nacional de Promoción de la Investigación, el Desarrollo Tecnológico y la Innovación) en Argentina. Fue creada en 1996 en medio de la ola por responder a los impulsos de los organismos internacionales (e.g. UNESCO, OCDE, Banco Mundial, OEA) hacia la innovación como palanca del desarrollo (Foladori et al., 2012). Varios países de América Latina responden al llamado creando o modificando los ministerios de ciencia y tecnología y agregándoles el término "innovación". Argentina le acopla el término a su Ministerio de Ciencia, Tecnología e Innovación Productiva en 2007. México incluye el término innovación en su Ley de ciencia y tecnología de 2023.

No se trata, sin embargo, de una cuestión terminológica, ésta sólo bautiza la tendencia más profunda a apostar a la empresa privada y las corporaciones transnacionales como motor del desarrollo; como ha ocurrido con la mayoría de las políticas de ciencia y tecnología en el mundo y en América Latina a partir de los años noventa del siglo XX. Tampoco hay que considerar que esas políticas no ofrecieran resistencia, habida cuenta de la larga tradición de políticas públicas en América Latina que apostaba a la industrialización endógena y, para ello, se desarrollaban planes y proyectos aterrizados en la economía nacional. De manera que el ímpetu por inclinar la balanza en favor de la empresa privada y las corporaciones extranjeras se fue estableciendo en medio de fuerzas no siempre favorables y con diferencias entre los países y a su interior entre Provincias, Estados o Departamentos, explotando las autonomías existentes.

La nueva orientación de las últimas dos décadas del siglo XX también supuso un cambio en las teorías elaboradas por economistas y científicos sociales sobre el papel de la innovación en el desarrollo. La mayoría de ellas, desarrolladas durante los años ochenta y noventa (e.g. triple hélice, sistema nacional de innovación), sin desprenderse de la idea central de considerar a la ciencia y tecnología como motor del desarrollo, reclama la necesidad de que la sociedad civil participe de alguna manera en los planes de ciencia y tecnología o en los programas específicos de aquellos planes.

La OCDE (Organización para la Cooperación y el Desarrollo Económicos) jugó un papel clave en el etiquetado de las políticas conocidas como Sistemas Nacionales de Innovación, atando todo concepto de innovación al mercado y la competitividad (Godin, 2009), de allí el interés de estas instituciones en homogeneizar la política de innovación de los países para ajustarlos a las demandas del capital globalizado.

En Argentina, al igual que en México, se crean fondos dirigidos al financiamiento de la empresa privada y algunos de los llamados a proyectos de Investigación y Desarrollo requieren la participación explícita del sector privado en la investigación. Luego de más de dos décadas el resultado no cumplió la meta esperada y la participación privada en aportes financieros para la Investigación y Desarrollo (IyD) continuó siendo marginal, aunque drenando fondos públicos bajo las políticas neoliberales, siendo ésta la principal crítica de Milei para frenar el financiamiento a la ciencia en Argentina.

El marco de la política económica y la ideología de la innovación proviene de las teorías económicas hegemónicas que apoyan el neoliberalismo, considerando que en los países menos desarrollados la innovación es algo que debe adquirirse al exterior de las economías nacionales, con transferencia de tecnología y apertura a los capitales extranjeros. Chudnovsky comentaba al respecto de las políticas de ciencia y tecnología en la Argentina de los noventa:

> Mientras que hasta 1990 el laissez faire se daba fundamentalmente por omisión y en situaciones macroeconómicas poco proclives al crecimiento, en un trabajo previo argumentábamos que ... en la actual administración [de mediados de los noventa, el laissez faire] encontraba sus fundamentos en la teoría económica ortodoxa o corriente económica principal. Dicha teoría considera a la ciencia y la tecnología básicamente como variables exógenas y, en general, adhiere a las recomendaciones de política del denominado Consenso de Washington (Williamson, 1990), que privilegian la liberalización comercial, la privatización de empresas públicas y la promoción de la inversión extranjera directa (IED) como instrumentos fundamentales para lograr la modernización tecnológica en países en desarrollo. (Chudnovsky, 1999, p. 2).

En el correr de las primeras décadas del siglo XXI, y como resultado de las crisis económicas de carácter globalizado, como la de las empresas punto com en 2001 o la llamada crisis de la vivienda del 2007-8 cambia la perspectiva sobre las ventajas del libre comercio y muchos países, aunque principalmente los desarrollados, incorporaron medidas tendientes a restringir o regular el papel del capital transnacional en sus economías. En todo caso las ciencias sociales hegemónicas han acompañado el desarrollo del sistema capitalista.

Para inicios de la tercera década de este siglo, los casos de Argentina con el gobierno de Milei desde 2023 y el de López Obrador en México desde 2019 muestran polos opuestos de las políticas de ciencia y tecnología. Mientras Milei en Argentina se refugia en una política neoliberal extrema, de manual de economía neoclásica, y desmontando toda posible intervención del Estado en el financiamiento, orientación y defensa de la ciencia y tecnología nacional, López Obrador plantea controlar la participación de los capitales de las corporaciones transnacionales en la política de ciencia y tecnología de México, al tiempo que incorporar metas destinadas a la incidencia social de las investigaciones financiadas públicamente, restringiendo, inclusive, el financiamiento con recursos públicos y mediante becas a la instituciones educativas privadas.

Capítulo 3

Empresas de nanotecnología en Argentina y México

1. NANOTECNOLOGÍAS EN ARGENTINA

Las nanotecnologías han sido reconocidas en Argentina como tecnologías de propósito general, con aplicaciones en distintos sectores como la salud, energía, agricultura y manufactura. Las nanotecnologías ingresaron formalmente a la agenda de políticas públicas argentinas en 2004, a través del Programa de Áreas de Vacancia (PAV) impulsado por la Agencia Nacional de Promoción Científica y Tecnológica (ANPCyT) (Surtayeva, 2021a). El programa buscaba identificar y promover áreas estratégicas para el desarrollo científico y tecnológico del país. En 2005 se creó la Fundación Argentina de Nanotecnología, con el objetivo de promover la IyD en nanotecnologías, así como facilitar la vinculación entre los sectores científico y empresarial. Actualmente la fundación mantiene información actualizada del estado de las nanotecnologías en Argentina (FAN, 2025). En 2009 se estableció el Fondo Argentino Sectorial (FONARSEC), destinado a financiar proyectos en áreas prioritarias, incluyendo las nanotecnologías (Agencia IyD+i, sf). Este fondo permitió la conformación de consorcios público-privados que tenían como objetivo mejorar la competitividad en sectores estratégicos.

Las nanotecnologías fueron incorporadas como áreas prioritarias en el Plan Argentina Innovadora 2020, lanzado en 2013, donde se establecieron metas de desarrollo científico y tecnológico para el país. El plan propuso medidas orientadas a la resolución de problemas sociales y económicos, destacando la importancia de las tecnologías emergentes (entre ellas las nanotecnologías) en la agregación de valor en sectores estratégicos (MINCyT, 2020).

Algunos datos más detallados sobre la presencia de productos con nanotecnologías en el mercado argentino fueron publicados en 2018 y en 2021. Una investigación llevada a cabo por la Red Latinoamericana de Nanotecnología y Sociedad (ReLANS), en colaboración con la Red Nano Colombia (Foladori, Zayago Lau, et al., 2018) identificó 37 empresas que lanzaban productos nanotecnológicos al mercado. En 2021 un proyecto colectivo sobre el desarrollo de las nanotecnologías en Argentina incorpora un capítulo que identifica 28 empresas productoras, número que coincide con la investigación señalada anteriormente si además se incluyen aquellas que sólo se dedican a actividades de IyD (Foladori, Zayago Lau, et al., 2018; Surtayeva, 2021c).

En Argentina se han detectado proyectos de investigación en fase de aplicación al mercado. Esto significa que existe una patente registrada pero la producción se encuentra en etapas de prueba para su incorporación al mercado. Estos proyectos se desprenden de investigaciones financiadas por CONICET, por lo que las startup funcionan como modelo de innovación en espera de que posteriormente las innovaciones se incorporen a los mercados. Con ello surge otro eslabón de la cadena de producción, el de prototipo, que no necesariamente involucra la producción pero tiene cautiva la innovación mediante un registro de propiedad intelectual.

Con la finalidad de clasificar la información, se ha planteado una estrategia metodológica que previamente ReLANS ha ajustado de acuerdo a las tendencias que siguen las empresas nanotecnológicas en distintos países.

2. NANOTECNOLOGÍAS EN MÉXICO

Con el inicio del siglo XXI, México comenzó a desarrollar estrategias para investigar, producir, financiar e implementar nanotecnologías. Su primera aparición en la agenda pública se encuentra en el Plan Nacional de Desarrollo de 1995, cuando se señaló que México “no estaba haciendo un uso eficaz del enorme potencial que significan las nuevas tecnologías en informática, en nuevos materiales y en biotecnología" (DOF, 1995). Si bien esta mención a las nanotecnologías es indirecta, en el Programa Especial de Ciencia y Tecnología (PECyT) 2001-2006 se encuentra una mención explícita de las nanotecnologías como un área prioritaria del desarrollo y de su necesaria vinculación con el sector petrolero, a través del Instituto Mexicano del Petróleo (IMP) en el ámbito de los materiales avanzados: "se consideran áreas estratégicas del conocimiento:–la información y las comunicaciones–la biotecnología–los materiales–el diseño y los procesos de manufactura–la infraestructura y el desarrollo urbano y rural, incluyendo sus aspectos sociales y económicos" (CONACYT, 2002, p. 49). El Programa hace especial énfasis en el potencial para el desarrollo del sector energético y en relación con el Instituto Mexicano del Petróleo y establece que sus "Principales líneas de investigación [serán] Nanotecnología y sus aplicaciones" (CONACYT, 2002, p. 12). Sin embargo, en este periodo, la atención se centró especialmente en fortalecer la infraestructura científica para la investigación de nanotecnologías, dejando de lado estrategias específicas de mediano y largo plazo. A partir de 2007 México comenzó a delinear políticas más concretas en torno a las nanotecnologías. El documento "Diagnóstico y Prospectiva de la Nanotecnología en México", publicado por la Secretaría de Economía en 2008 (Secretaría de Economía, 2008), propuso recomendaciones para impulsar las nanotecnologías y la regulación de productos nanotecnológicos sin alejarse del propósito central de impulsar la IyD.

La Ley de Ciencia y Tecnología, reformada en 2014, y el Programa Especial de Ciencia, Tecnología e Innovación (PECiTI) 2014-2018 reconocieron la importancia de las tecnologías emergentes, incluyendo las nanotecnologías, como áreas prioritarias para el desarrollo nacional. Al mismo tiempo, pusieron énfasis en la necesidad de fortalecer la vinculación entre academia, industria y gobierno para impulsar la innovación:

> De manera transversal, a través de los instrumentos existentes, se dará especial atención a los siguientes temas: Automatización y robótica, Desarrollo de la biotecnología, Desarrollo de la genómica, Desarrollo de materiales

avanzados, Desarrollo de nanomateriales y de nanotecnología, Conectividad informática y desarrollo de las tecnologías de la información, la comunicación y las telecomunicaciones, Ingenierías para incrementar el valor agregado en las industrias, Manufactura de alta tecnología (CONACYT, 2014, p. 51).

En años recientes, el Plan Nacional para la Innovación, alineado con el PECiTI 2021-2024, insiste en la colaboración entre diferentes sectores como eje para desarrollar soluciones tecnológicas con beneficio social. Sin embargo, retoma las discusiones sobre las nanotecnologías en aplicaciones como la inteligencia artificial, la ciencia de datos, industria 4.0 y robótica sin explícita relación con diferentes sectores sociales (CONAHCYT, 2023). La mención más precisa sobre las nanotecnologías en el Plan establece la necesidad de desarrollar nanosatélites para las telecomunicaciones en el marco de la estrategia digital nacional. Sin embargo, persiste la ausencia de lineamientos específicos para conseguir estos objetivos, además de la falta de regulaciones concretas para productos nanotecnológicos.

A pesar de que ya se les considera como tecnologías estratégicas, las nanotecnologías han avanzado en ausencia de una iniciativa, política pública o algún otro marco regulatorio específico que implique el ordenamiento de datos sobre productos y empresas que incorporan estos materiales. En ese vacío, el mercado de nanotecnologías en México es incierto, así como lo es la cantidad de materiales que se utilizan, sus formas de entrada al país (importaciones) y los riesgos a la salud y el medio ambiente de los nanomateriales manufacturados.

3. METODOLOGÍA

La recopilación y organización de la información sobre empresas de nanotecnologías en México y Argentina se dividió en cuatro etapas.

Para el caso de Argentina se tomó la lista de empresas de sectores nano y bio nano de la Fundación Argentina de Nanotecnología que, además, cuenta con una herramienta llamada “Mapa de la Nanotecnología en Argentina" donde se presenta información de investigadores, centros de investigación, institutos y empresas de nanotecnología en este país. En 2021, el mapa tenía registro de 73 empresas, aunque varias eran sólo de investigación (Fundación Argentina de Nanotecnología [FAN], 2021). De acuerdo con el mismo portal, a la fecha se encuentran 149 empresas que producen con nanotecnologías, además de algunas que realizan investigación y tienen alguna forma de propiedad intelectual.[13]

Para el caso de México se tomaron como base dos inventarios previos: Empresas nanotecnológicas en México: hacia un primer inventario (Záyago et al., 2013) y Análisis económico sectorial de las empresas de nanotecnología en México (Záyago et al., 2015).

Con la finalidad de ubicar a las empresas que producen o comercializan productos nanohabilitados en ambos países, la información se verificó en diversas fuentes:

- Página web de la empresa, anuncios en internet, radio y televisión donde la compañía menciona explícitamente que realiza o vende productos nanohabilitados.

13. La información sobre las empresas de nanotecnología en Argentina se obtuvo de distintas fuentes relacionadas directamente con la FAN. En 2023 se revisaron uno a uno los registros localizados en el Mapa de la Nanotecnología en Argentina (https://kumu.io/FAN/mapa-de-nanotecnologia). En 2025 se actualizó un registro tomando información de la misma página web de la FAN y se complementó con la información de Surtayeva (2021b), así como un listado conseguido por miembros de ReLANS en Argentina y que tienen contacto directo con la Fundación. La información del mapa de la FAN y la presentada aquí puede no coincidir debido a la rápida entrada y salida de empresas, así como la reciente clasificación conjunta de sectores nanotecnología y biotecnología. Sin embargo, se comprobó, en cada caso, que la empresa tiene relación directa con la producción, uso o venta de nanomateriales y productos nanohabilitados, descartando aquellos registros que no tuvieran relación con las nanotecnologías. Los autores agradecen a Mauricio Berger por el listado de empresas obtenido directamente con la FAN.

- Parques o clústeres especializados, como la página web del Clúster de Nanotecnología de Nuevo León, en el caso de México, y el mapa de la nanotecnología en Argentina.
- Portales de transparencia sobre el presupuesto aprobado y ejercido por empresas en proyectos de nanotecnologías, así como reportes del Consejo Nacional de Ciencia y Tecnología (CONACYT) e informes del Ministerio de Ciencia, Tecnología e Innovación Productiva (MinCyT).
- Boletines de prensa, artículos científicos y de divulgación donde se prueba que la empresa participó en algún proyecto directamente relacionado con las nanotecnologías.

Esta verificación permite una aproximación a un listado de empresas que se encuentran investigando, produciendo, incorporando o comerciando nanotecnologías mediante la importación de productos terminados. Gracias a la información directa de las empresas es posible ubicarlas geográficamente y visualizar las zonas de mayor concentración.

Para la segunda etapa, y tomando como referencia el producto nanohabilitado de mayor importancia para la empresa, se les asignó una clasificación económica sectorial mediante el Sistema de Clasificación Central de Productos (Central Product Classification–CPC), de la Organización de las Naciones Unidas (ONU).[14] La CPC es una estructura de clasificación para bienes y servicios que utiliza conceptos y reglas acordados para su uso internacional, por lo que proporciona un formato homogéneo que permite el análisis económico (ONU, 2021). En esta investigación se utilizó la versión 2.1 de la CPC.[15] Sin embargo, debido a la gran cantidad de productos y sus distintas presentaciones, modalidades de producción o formas de venta, se requirió de un criterio más homogéneo para clasificarlas de acuerdo a su sector económico de pertenencia.

14. Versión 2.1 disponible en: https://unstats.un.org/unsd/classifications/Econ/cpc
15. En: https://unstats.un.org/unsd/classifications/Econ/cpc

Al ser un manual de clasificación emanado de organizaciones internacionales, el CPC permite la equivalencia con otro sistema de clasificación económica, el Sistema de Clasificación Industrial Internacional Uniforme de todas las actividades económicas (International Standard Industrial Classification of All Economic Activities–ISIC).[16] Esta clasificación se desagrega en distintas categorías de actividades productivas y de servicios que permite la agrupación y homologación de estadísticas acorde a las actividades económicas (ONU, 2002). Esto permite un criterio para agrupar empresas con actividades económicas que van desde el diseño, producción, comercialización, provisión de bienes, gestión de actividades del sector público e incluso el sector externo. De esta forma, se le asignó a cada empresa una clasificación mediante la equivalencia CPC-ISIC4.

En tercera etapa, se ubicaron los productos nanohabilitados principales en una cadena de valor, originalmente planteada por Lux Research (2007) y utilizada anteriormente en Foladori et al., (2016). En este caso, hemos adaptado el modelo a 6 fases (Figura 1) que incluyen:

0. Prototipo, diseño o patente de nanotecnología: la empresa cuenta con un certificado de propiedad intelectual concedido pero no llevado a producción.
1. Nanomateriales: estructuras a nanoescala en forma no procesada (nanopartículas, nanotubos, fulerenos, dendrímeros).
2. Nanointermedios: productos intermedios con características a nanoescala (revestimientos, telas y fibras, semiconductores, componentes ópticos, materiales dentales y ortopédicos).
3. Productos nanohabilitados: productos finales incorporando nanotecnología (automóviles, ropa, computadoras, dispositivos electrónicos, productos farmacéuticos, alimentos procesados, envases de plástico).

16. En: https://unstats.un.org/unsd/publication/seriesm/seriesm_4rev4e.pdf

4. Comercialización de productos finales: empresas que no producen, pero comercializan productos nanohabilitados al interior del país o realizan ventas por internet.

5. Nanoherramientas y servicios: aparatos y servicios transversales de medición para visualizar, manipular, modelar y fabricar nanopartículas (microscopios de fuerza atómica, nanoimpresión, equipos de litografía, síntesis de materiales, básculas, dispositivos para encapsulado).

Figura 1. Estructura adaptada de cadena de producción nanotecnologías

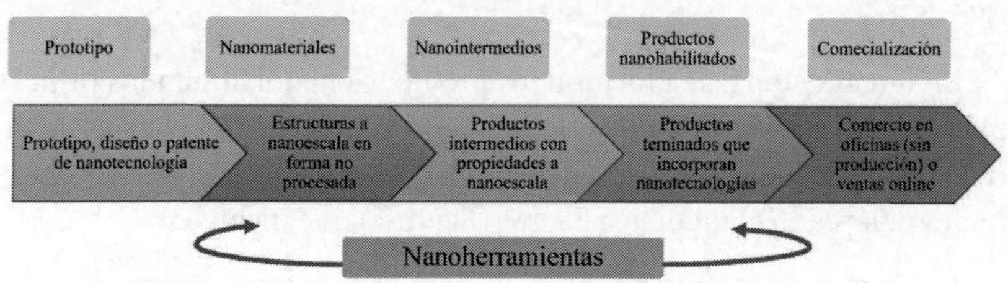

Fuente: elaboración propia con información de Lux Research, 2007

Mediante esta distinción en fases se pretende identificar las etapas que transcurren entre la fabricación de materia prima a escala nano y un producto habilitado que llega al usuario final. La fase 0 detecta la presencia de algún registro de propiedad intelectual (patentes y diseños industriales) declarado por la empresa. Esta etapa fue utilizada solamente en el caso de Argentina donde todos los registros pertenecen a *startups* que poseen patentes de invenciones relacionadas con las nanotecnologías pero que no se han llevado a la producción.

La fase 1 constituye la obtención de materiales en bruto a escala nano, sean materiales, partículas o estructuras. La segunda fase aborda la incorporación, funcionalización o adaptación de esa materia prima para que sea utilizada en otros procesos industriales. En la tercera fase, el concepto de producto nanohabilitado sugiere que tal producto no presentará más transformaciones industriales ni modificaciones estructurales físicas o químicas. Esto lo distingue de los intermediarios y lo deja listo para el consumidor final. La cuarta fase incluye aquellas empresas comercializadoras que no agregan ningún nanomaterial y que únicamente comercializan o venden sus productos sin haberlos fabricado. Las nanoherramientas y servicios -quinta fase- acompañan todo el proceso y pueden intervenir en distintos momentos de la cadena de producción.

En la cuarta etapa de la metodología se realiza una distinción de las empresas por su producción al interior del país o actividades de importación y comercialización. Las empresas consideradas en "Producción nacional", tienen una sede en México o Argentina y realizan sus nanomateriales, intermediarios y productos dentro del país. El primer criterio es la declaración explícita de ser una empresa con operaciones en territorio nacional, así como la ubicación geográfica física de una planta de producción. Además, se comprobó que:

- Realizan compras a empresas que manufacturan nanomateriales al interior del país.
- Solicitan servicios de síntesis de nanomateriales, mediciones y pruebas a empresas del interior del país.
- Pertenecen a un parque tecnológico o cluster.

Las empresas de "importación y comercialización" no cuentan con una sede física de producción en el país. Únicamente poseen oficinas de ventas al por mayor o al por menor en comercio especializado. La empresa declara explícitamente la importación de productos de nanotecnología para su reventa. Se encontraron, además, comercializadoras que venden productos nanohabilitados únicamente por internet. Se comprobó que el producto es manufacturado en otro país mediante aviso del proveedor original y la ubicación de la matriz productora.

Existen empresas qua atraviesan más de una división o sector (productores de nanomateriales y de nanointermedios). Así como empresas que pueden vender más de un producto. Para solucionarlo se utilizó el producto más representativo y se asignó a la empresa una actividad económica lo más cercana a su actividad industrial general. Esta clasificación mediante la cadena de producción permite obtener información más precisa sobre las divisiones y actividades económicas a las cuales se destina mayor interés por parte del sector productivo.

4. EMPRESAS DE NANOTECNOLOGÍAS EN ARGENTINA

En Argentina se comprobó la existencia de 84 empresas que fabrican o venden productos nanohabilitados. Al igual que en México, la mayor parte se encuentra localizada en las zonas metropolitanas más importantes del país. Sin embargo, la concentración es mayor en el caso de Argentina, pues el 48.19% de las empresas se sitúan en la Ciudad Autónoma de Buenos Aires (CABA), mientras que el 16.87% lo hace en la Provincia de Buenos Aires.

Figura 2. Empresas de nanotecnologías en Argentina (total por provincia)

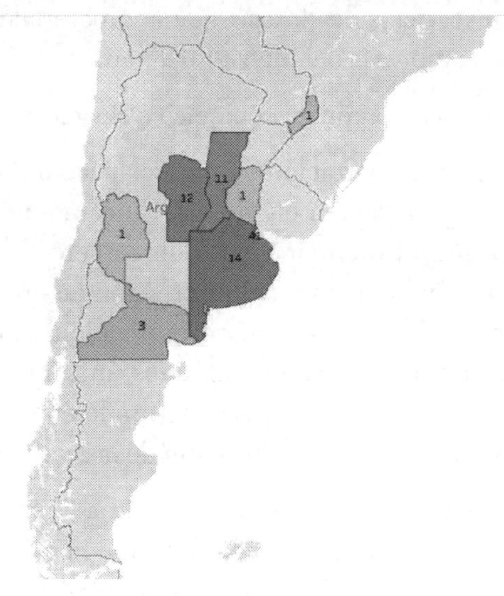

Fuente: elaboración propia

Córdoba y Santa Fe tienen presencia significativa, con el 14.46% y el 13.25% respectivamente. Las provincias de Río Negro, Entre Ríos, Mendoza, Misiones tienen de 3 a 1 sola empresa.

Cuadro 1. Empresas con productos nanohabilitados por provincia

Provincia	Empresas
CABA	41
Buenos Aires	14
Córdoba	12
Santa Fe	11
Río Negro	3
Entre Ríos	1
Mendoza	1
Misiones	1
TOTAL	84

Fuente: elaboración propia

Respecto a la clasificación por sectores económicos, casi la tercera parte de las empresas se concentran en la manufactura de productos farmacéuticos (32.22%), seguida de la manufactura de productos químicos (28.89%) que también representa más de la cuarta parte de todas las empresas. Juntas, estas dos categorías alcanzan más del 60% de las unidades económicas. La concentración sectorial en actividades íntimamente relacionadas, como la química y la farmacéutica se debe al reciente empuje que el gobierno dio al desarrollo de startups de base tecnológica para el sector salud, una vez que se padeció la pandemia global de COVID-19.

El listado de empresas que se revisó estaba dividido, principalmente, en dos bloques de empresas: "nanotecnología" y "biotecnología". Sin embargo, a pesar de que se detectaron algunos productos bionanotecnológicos, al realizar la comprobación de productos efectivamente nanohabilitados, se descartaron 65 empresas que no tienen relación directa con las nanotecnologías, sea porque son exclusivamente de biotecnología o porque los productos no comprobaron su contenido de nanomateriales. Otra razón de descarte radicó en la suspensión desde el gobierno o el retiro de financiamiento estatal para continuar actividades. Debido a la política de fomento gubernamental, distintas empresas estuvieron funcionando mediante financiamiento directo y suspendieron actividades con la llegada del nuevo gobierno de Javier Milei, que redujo sustancialmente los apoyos a empresas tecnológicas.

Figura 3. Empresas por división económica ISIC 4 en Argentina

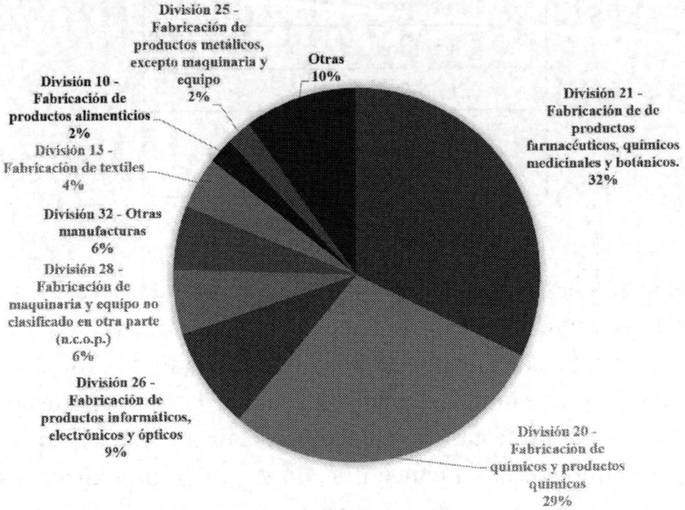

Fuente: elaboración propia

En la cadena productiva, como veremos en México, predomina la producción de productos nanohabilitados terminados, con el 57.78% de las empresas situadas en este eslabón. Le sigue la producción de nanointermedios, con el 18.89% del total, por lo que existe una débil integración hacia las fases más básicas del desarrollo nanotecnológico.

Figura 4. Cadena de producción de nanotecnologías en Argentina

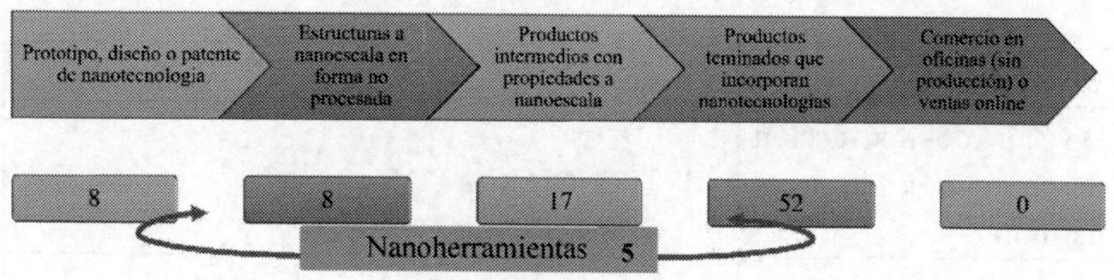

Fuente: elaboración propia

Dada la naturaleza de algunas empresas que fueron concebidas como startup o capital de riesgo existe un eslabón adicional que denominamos "Prototipo, diseño o patente de nanotecnología". En este caso, 8 empresas tienen patentes otorgadas (8.89%) pero no han podido llevar a la producción sus registros. Además, no hay empresas de comercialización. Una diferencia con México es que, al menos en los registros que se obtuvieron para este estudio, toda la producción de nanotecnologías se realiza al interior del país. La parte de nanomateriales tiene poca presencia en Argentina (8.89%), esto implica un mayor interés por la venta de productos terminados, que representa casi el 60% de la actividad productiva de las empresas relacionadas con las nanotecnologías en Argentina. En la parte de herramientas, hay 5 empresas produciendo equipo para la medición, tratamiento o producción de nanomateriales.

El panorama de las empresas nanotecnológicas en Argentina evidencia una concentración geográfica y sectorial marcada, con predominancia geográfica en CABA y en sectores farmacéutico y químico. La mayoría de estas empresas se insertan en el eslabón de productos nanohabilitados, lo cual plantea desafíos en términos de fortalecimiento de actividades en eslabones iniciales de IyD, así como de articulación entre ciencia y producción industrial. Esto contrasta con el objetivo gubernamental, previo al gobierno de Milei, de impulsar empresas de base tecnológica en el sector salud, por ejemplo.

Cuadro 2. Empresas con presencia de nanotecnologías en Argentina por División ISIC 4

División ISIC4	Empresas
División 06- Extracción de petróleo crudo y gas natural	YPF TECNOLOGÍA S.A.
División 10–Fabricación de productos alimenticios	Omega Sur S. A., Productos Alimenticios Harmony SA
División 13–Fabricación de textiles	Nanotek S. A., Arquipets S. R. L., Rasa, KOVI SRL (ATOM Protect)
División 17–Fabricación de papel y productos de papel	Nanocellu-Ar S.R.L
División 20–Fabricación de químicos y productos químicos	Tenaris, Tarquini (Argentum), Lizys S. A., Protex S. A., Laboratorios ELEA, Fabriquímica S. R. L., Kaliumtech (Kalium Technologies), Adox, Solcor, Chemisa S. R. L., Red Surcos, Ako srl, BRAM SAS, HYBRIDON S.A., NANOMIX S.A., Aminutric Argentina sas, apolo biotech, Ceres Demeter SA, CLAVE DE FLOR MDP S.A., Kioshi Stone SA, Mycotech S.A., Nanosoluciones SRL, PUNA BIO SA, SURCOS S.A
División 21–Fabricación de de productos farmacéuticos, químicos medicinales y botánicos.	Dhacam S. R. L., Gihon Lab químicos S. R. L., Lipomize S. R. L., Eriochem S. A., Laboratorios Mayors S. R. L., Silmag S. A., Biochemiq S. A., AADEE S. A., CEPROFARM, Enorza S. A., GEMINIS FARMACEUTICA S A, Nanox Release Technology S.A., Biogénesis Bagó S.A., BIOH41 S.A., Biol Sa, Bioprofarma Bagó S.A., CHEMTEST ARGENTINA S.A., Eureka Nanobioengineering, HEMODERIVADOS UNC, Laboratorios Richmond SACIF, Libera (OCC Inc), Limay Bio SA, Magnolia Nanotech SA, Nanotransfer SAU, PANARUM SAS, Securitas Biosciences AR S.A., WIENER LABORATORIOS SAIC

División 25–Fabricación de productos metálicos, excepto maquinaria y equipo	Laring, LH Plast S. R. L.
División 26–Fabricación de productos informáticos, electrónicos y ópticos	Bell Export S. A. (BEXSA), Penta S.A., ARO S. A., ARS Ultra, MZP Tecnología, Unitec Blue S. A., Inmeba S. R. L., Tecnoacción
División 27–Manufactura de equipo eléctrico	Sol-ar S. R. L.
División 28–Fabricación de maquinaria y equipo no clasificado en otra parte (n.c.o.p.)	Nanotica, Mutech microsystems , TECSCI SAS, TERRAGENE S.A., ZEV Technology
División 32–Otras manufacturas	BIOMATTER S.A., Imvalv sa, MABB SOCIEDAD ANÓNIMA, Bioadvance SRL, Gisens Biotech
División 47–Comercio al por menor, excepto de vehículos de motor y motocicletas	Promedon SA
División 72–Investigación y Desarrollo científico	AgIdea SRL
División 74–Otras actividades profesionales, científicas y técnicas	Ebers Med
División 86–Actividades de la salud humana	Dharma Bioscience SA

5. EMPRESAS DE NANOTECNOLOGÍAS EN MÉXICO

En México hay 164 empresas que fabrican o venden productos nanohabilitados. La mayor parte se encuentra localizada en las zonas metropolitanas más importantes del país. Casi dos tercios del total se concentran en dos estados. Nuevo León tiene el 33.5% y la Ciudad de México el 25.6%. El tercio restante se divide entre otros 14 estados y una entidad sin identificar (Figura 5). En el caso de Nuevo León, la información es consistente con la política que adoptó el estado para la conformación de su Clúster de Nanotecnología, utilizando el modelo de triple hélice para generar un ecosistema de innovación en distintas esferas tecnológicas.

Figura 5. Empresas de nanotecnologías en México (total por entidad)

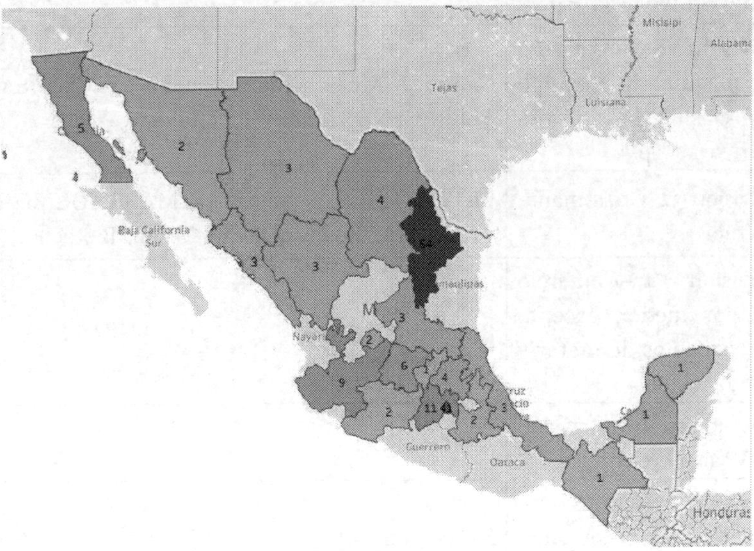

Fuente: elaboración propia

En la frontera norte todas las entidades excepto Tamaulipas cuentan más de una empresa. En la frontera sur a excepción de Tabasco hay presencia de compañías, aunque Yucatán, Campeche y Chiapas tienen sólo una empresa, respectivamente. Hay presencia importante de empresas en el centro y occidente del país así como la región del Bajío y su corredor de conexión con Jalisco. Sin embargo, son las zonas metropolitanas más dinámicas del país (Ciudad de México, Jalisco y Nuevo León) las que concentran la mayor cantidad de empresas.

Cuadro 3. Empresas con productos nanohabilitados por entidad federativa

Entidad	Empresas
Nuevo León	55
CDMX	42
Estado de México	11
Jalisco	9
Guanajuato	6
Baja California	5
Coahuila	4
Hidalgo	4
Otros[17]	28
TOTAL	164

Fuente: elaboración propia

Al realizar la búsqueda se encontraron diversos productos. Desde químicos básicos y nanomateriales en bruto, hasta pinturas, electrónicos, suplementos alimenticios, medicamentos y cosméticos nanohabilitados. También la industria manufacturera tiene presencia de nanomateriales en las divisiones metalmecánico y textil. Al analizar la clasificación económica, encontramos que la mayoría de las empresas se ubican en la división 20 de la ISIC 4: fabricación de químicos y productos químicos básicos, le sigue el comercio al por menor y la fabricación de productos alimenticios (figura 6).

Comercio al por mayor, fabricación de material eléctrico, farmacéuticos, productos metálicos, maquinaria y equipo, minerales no metálicos,

17. Veracruz (3), Durango (3), San Luis Potosí (3), Sinaloa (3), Chihuahua (3), Puebla (2), Michoacán (2), Sonora (2), Aguascalientes (2), Chiapas (1), Campeche (1), Querétaro (1), Yucatán (1), N.D. (1).

textiles y productos informáticos figuran en el listado pero, cada uno, concentra menos del 10% de la producción total. Además, hay otras divisiones[18] que agregan valor a las actividades manufactureras o que son de servicios y que cuentan con una participación menor en el listado.

Figura 6. Empresas por división económica ISIC 4 en México

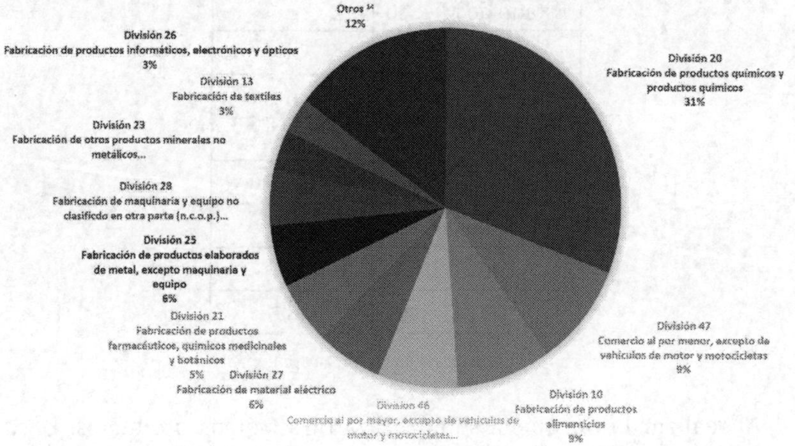

Fuente: elaboración propia

La mayor parte de las empresas vende nanomateriales en estado puro, para ser aplicados a otras cadenas productivas. Dada la versatilidad de aplicaciones de las nanotecnologías, estos materiales pueden

18. División 01 Producción agrícola y animal, caza y servicios relacionado (4); División 19 Fabricación de coque y productos refinados del petróleo (4); División 15 Fabricación de cuero y productos afines (2); División 17 Fabricación de papel y productos de papel (2); División 22 Fabricación de productos de caucho y plásticos (2); División 32 Otras manufacturas (2); División 14 Fabricación de prendas de vestir (1); División 24 Fabricación de metales básicos (1); División 81 Servicios a la construcción y actividades de paisajismo (1).

ser utilizados posteriormente en distintos procesos industriales que aborden más de una división. Se encontró únicamente una empresa en el área de servicios, se trata de una compañía de limpieza a domicilio que declaró utilizar productos químicos nanohabilitados para llevar a cabo sus actividades. Con esta concentración en las divisiones químico y alimenticio, así como en otros que tienen contacto directo con el consumidor, surge la preocupación sobre los posibles efectos de los productos químicos novedosos a la salud y el medio ambiente. La creación de inventarios de empresas y productos nanohabilitados permite conocer los productos que representan un riesgo potencial.

Los resultados de la clasificación por cadena de producción indican que la mayor parte de las empresas se dedican a la fabricación de productos nanohabilitados terminados (figura 7).

Figura 7. Cadena de producción de nanotecnologías en México

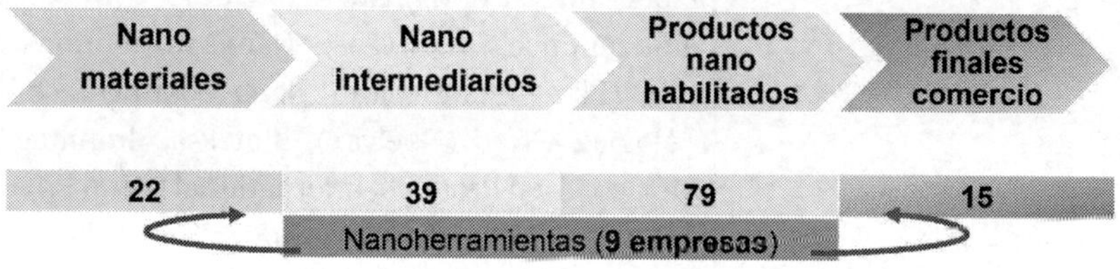

Fuente: elaboración propia

Respecto al origen de la producción, se detectó que el 83% de las empresas tiene producción nacional, pues cuentan con una sede física en el interior del país, y el restante 17% son importadoras y comercializadoras de productos para su venta en México, ya sea en pedidos especiales o ventas por internet. Una de las empresas realiza sus ventas únicamente a través de su página web y no fue posible encontrar su sede física en México ni en otro país.

Cuadro 4. Empresas con presencia de nanotecnologías en México por División ISIC 4

División ISIC 4	Empresas
División 20–Fabricación de químicos y productos químicos	Nanomat, Bintis, Nanomateriales (Grupo Xignux), ScanPaint, Protexa, Grupo Cydsa, Indelpro (Grupo Alfa), Dynasol (Grupo Kuo), Owens Corning México, Key Química S.A. de C.V., Carbomex, Nanocron Nanotecnología, Mesil Productos y Soluciones de Limpieza, Nano Coating Technologies (NCT), Impershield, Nabicron, Biotech, Kol México, Comex (PPG Industries), Macro-M (Grupo Kuo), Eco-Freeze international, Grupo Kuo (DESC), Gresmex (éviter), Henkel, Possehl, AIG Sinergia y Representaciones, Nan-Tec (Grupo Mac-Anders S.A. de C.V.), Colhei, Jalmek Científica, Kemcare de México, Lipoquimia (Coptis), Micro S.A. de C.V. (Microhule químicos), Stay Clean, Nanoagrosolutions, PHC (Plant Health Care), Nano Coating Technologies, Orted (Nbelyax), Bioteksa, Brenntag México, Total Products International (Total Prodinter), ID-Nano (Investigación y Desarrollo de Nanomateriales S.A. de C.V.), Industrias Protect
División 47–Comercio al por menor, excepto de vehículos de motor y motocicletas	Nano Tec México, Technocoating, NanoPhos, BYK Chemie de México, Distribuidora, Nano de América, Sanki Global, Drywash, NanoProtect (Representante de Nanoproofed), La Cantera Proyectos y Arquitectura S.A. de C.V. (distribuidor de V-kool), Nanodepot (antes NanoSoluciones), Empower Circle México (TruNano), Nanotechnik de México S.A. de C.V., Nanoprotech (Apollo Nanotechnology), Malco (NanoCare), Innobel (Estrategias de Alto Impacto. S.A. de C.V.)

División 46–Comercio al por mayor, excepto de vehículos de motor y motocicletas	Nanometrix, Agilent Technologies Región Latinoamericana, VAMSA, Tecnocolibrí (Grupo Colibrí de Monterrey), Nanotecnología México S.A. de C.V., Basf, Swordfish Energy S.A. de C.V., Asgrow México (Bayer), Agrichem, Metallistic (Depósito dental), Malvern Panalytical México, Hosokawa Micron de México
División 27–Fabricación de material eléctrico	Whirlpool, Prolec (Grupo Xignux), Viakable (Grupo Xignux), Kinetech Power Systems S.A. de C.V., Magnekon (Grupo Xignux), Mabe, Condumex (Grupo Carso), Proyectos Sustentables de la Península S.A. de C.V., Tecno Procesos Aberi S.A. de C.V., IMR Solutions S.A. de C.V.
División 25–Fabricación de productos metálicos, excepto maquinaria y equipo	Cedinor S.A. de C.V., Nemak, Metalsa, Metalsa, Frisa Forjados, Industrias Vago de México S.A. de C.V., Hylsa (Galvak), GYAM Ingeniería y Servicios Industriales, 3G Herramientas Especiales S.A. de C.V.
División 21–Fabricación de de productos farmacéuticos, químicos medicinales y botánicos.	Liomont, Rubio Pharma S.A. de C.V., Neolpharma, Naturex, NanoscienceLabs, Nanoingredientes Bioactivos S.A. de C.V., BionAg, Nano Tutt
División 10–Fabricación de productos alimenticios	Sigma Alimentos, Qualtia Alimentos (Grupo Xignus), Grupo Pepsico, Margrey, Lala, PIASA (Proveedores de Ingeniería Alimentaria S.A. de C.V.), Logre International Food Science
División 28–Fabricación de maquinaria y equipo no clasificado en otra parte (n.c.o.p.)	RD Research & Technology, Dow Química Mexicana (Dow Water & Process Solutions), Global Proventus, HelTec (Helguera Tecnologías del Agua), Aquapro (Ingeniería y proyectos integrales de agua), Sadosa, Grupo Simplex
División 23–Fabricación de otros productos minerales no metálicos	Cemex, Grupo Vitro, Porcelanite-Lamosa, Máxima Nacional de Adhesivos Cerámicos S.A. de C.V. , Interceramic

División 26–Fabricación de productos informáticos, electrónicos y ópticos	Kemet de México, Sony, Anton Paar México, IBM México, Aureus México
División 19–Fabricación de coque y productos refinados del petróleo	Pemex, Lubral(Gonher), Roshfrans
División 13–Fabricación de textiles	Kaltex, Peñoles (Grupo BAL), PGI (Polymer Group Inc.)
División 17–Fabricación de papel y productos de papel	CopaMex, Smurfit Kappa
División 22–Fabricación de caucho y productos de plástico	Polnac, Donaldson Latinoamérica
División 32–Otras manufacturas	3M de México, Goval S.A. de C.V.
División 14–Fabricación de prendas de vestir	Antiestática de México (Estatec)
División 15–Fabricación de cuero y productos relacionados	Ten-Pac
División 24–Fabricación de metales básicos	Ternium
División 81–Servicios a la construcción y actividades de paisajismo	Clean Center Sureste

Conclusiones

Este libro analiza algunos aspectos del desarrollo de las nanotecnologías en general, y en particular comparando su presencia en Argentina y México. Desde el primer capítulo advertimos que las nanotecnologías unen las nanociencias (parte científica) con el desarrollo de productos que aplican tecnología nano y esto constituye la base de la primera revolución tecnológica del siglo XXI. El término "revolución" se hace cada vez menos válido, ya que los cambios tecnológicos que ameritan el término suponen un salto cualitativo, pero los avances graduales en el desarrollo científico son cada vez más rápidos y extendidos, haciendo que los cambios cualitativos se acerquen unos de otros en términos temporales. En menos de dos décadas la Inteligencia Artificial ha suplantado a las nanotecnologías en la presencia en los medios, en la velocidad de su alcance a sectores económicos y ha permeado la investigación científica. Sin embargo, la inteligencia artificial requiere materiales y los más estratégicos son nanomateriales. Esto significa que la rapidez de los cambios tecnológicos cualitativos no suplantan los desarrollos anteriores sino que los aprovechan y, en muchos casos, como en esta relación entre nanotecnologías e inteligencia artificial, se retroalimentan potenciándose. De manera que estudiar hoy en día un aspecto parcial del desarrollo tecnológico sin analizar el contexto resulta muy limitado, como advertimos desde el primer capítulo. También allí se llama la atención sobre qué tan científica es la ciencia, forzosamente dependiente de un contexto donde las relaciones sociales de producción capitalistas convierten la incertidumbre en decretos y las teorías y métodos de investigación en técnicas que ocultan la impronta de su carácter de clase.

Contra la visión global, que requiere esa interrelación entre las tendencias económicas generales y su expresión en las variaciones particulares, se levanta la división social del trabajo que circunscribe el conocimiento científico-técnico a especializaciones que no consiguen ver más allá de la cosa en sí misma. A menudo esta visión reduccionista conduce a considerar a la tecnología como neutra de por sí, siendo las aplicaciones voluntarias las que determinarían el carácter social que alimentan, lo que es equivocado. En el segundo capítulo se presenta el ejemplo de aplicaciones de nanotecnología en favor de la industria militar; un caso elocuente de la atención que deben prestar los gobiernos y las organizaciones sociales sobre este tipo de actividades. En otros trabajos mostramos que la neutralidad en la ciencia y tecnología no existe, ni siquiera en el propio diseño de los productos, es decir, cuando aún no han cristalizado materialmente (Foladori, 2025). Pero, recuperar el inicio de las nanotecnologías en Argentina y México, donde un país extranjero tiene presencia militar permite reflexionar sobre los intereses estratégicos, económicos y políticos que permean todo desarrollo científico. El incremento de las guerras capitalistas por el control de las tierras raras, muchas de las cuales se emplean a nivel nanométrico, levanta un marco global de comprensión que resulta imprescindible para cualquier investigación científica o aplicación ingenieril y se aleja de posiciones románticas y neutrales.

Cuando en el tercer capítulo se actualizan datos sobre empresas de nanotecnología en Argentina y en México salta a la vista que a pesar de las diferentes políticas de ciencia, tecnología e innovación, y no obstante los apoyos estatales en algunos casos más que en otros, o con planificación o sin ella, los desarrollos científico-técnicos son imparables, porque tocan la necesidad de los científicos de mantenerse actualizados sobre lo que sucede en otros países y regiones, y son parte de la imaginación creativa que es el alma del desarrollo científico. Y, claro está, son imparables porque en un mundo globalizado y orientado en su producción por la búsqueda de la ganancia de corto plazo no existen barreras nacionales. Siendo así, que la política contemple seriamente la posibilidad de caminos sólidos para el desarrollo científico es condición y responsabilidad. Pero, las políticas tienen que tener una visión de conjunto, porque el encasillamiento de políticas de ciencia, tecnología e innovación, como se conocen hoy en día, olvidan que éstas no tienen viabilidad para un desarrollo sustentable y en beneficio de las mayorías de la población cuando no se integran a las relaciones exteriores, la economía interna, el comercio exterior y la jurisprudencia, y también la educación que debe incorporar en sus planes de estudio a las ciencias sociales para reflexionar críticamente sobre lo que se hace.[19] Además, una política pública que restrinja la ciencia y tecnología a los sectores directamente involucrados (industria, gobierno, científicos) pierde de vista tanto el papel significativo que juegan organizaciones e instituciones internacionales, como la importancia de las clases y organizaciones sistemáticamente relegadas para impulsar un proyecto con objetivos nacionales.

19. Un grupo de científicos sociales de Argentina ha logrado reunir a científicos de las ciencias físico naturales con científicos sociales e ingenieros para discutir aspectos del desarrollo de las nanotecnologías en Argentina. Un esfuerzo encomiable cristalizado en dos libros Berger, M., Carrozza, T. J., & Bailo, G. (Eds.). (2021). *Nanotecnología y Sociedad en Argentina. Para una agenda inter y trans disciplinaria: Vol. I.* CELFI, UNC, SECyT y Berger, M., Carrozza, T. J., & Bailo, G. (Eds.). (2023). *Nanotecnología y Sociedad en Argentina. Regiones del conocimiento tecnocientífico* (Vol. 2). UNC, FAN. http://hdl.handle.net/11086/550259.

Referencias

5 Minutos de Noticias, 5Minutos de. (2025, enero 22). Las Facultades de Sociales se unen contra el ajuste de Milei que amenaza la ciencia y tecnología. *Minutos de Noticias.* https://5minutosdenoticias.com/2025/01/22/las-facultades-de-sociales-se-unen-contra-el-ajuste-de-milei-que-amenaza-la-ciencia-y-tecnologia/

Acosta, M. (2006). *Building Businesses on the Border: The Bi-National Sustainability Laboratory as an Engine of Economic Change.* Economic Development America. www.eda.gov/EDAmerica/spring2006/border.htm

AFOSR (Air Force Office of Scientific Research). (2005). *Mechanics of Multifunctional Materials & Microsystems.* http://www.prp.rei.unicamp.br/portal/mensagens /2005%20AFOSR%20Latin%20American%20Research%

Agencia I+D+i. (sf). *FONARSEC–Instrumentos de promoción y financiamiento.* http://www.agencia.mincyt.gob.ar/frontend/agencia/instrumentos/5

Altmann, J., & Gubrud, M. (2004). Anticipating Military Nanotechnology. *Anticipating Military Nanotechnology. IEEE.*

Andrini, L., & Figueroa, S. (2008). Governmental encouragement of nanosciences and nanotechnologies in Argentina. En *Nanotechnologies in Latin America* (Foladori, G. & Invernizzi, N, pp. 27-39). Karl Dietz Verlag.

Anzaldo Montoya, M., & Chauvet, M. (2016). Technical standards in nanotechnology as an instrument of subordinated governance: Mexico case study. *Journal of Responsible Innovation, 3*(2), 135-153. https://doi.org/10.1080/23299460.2016.1196098

Arteaga Figueroa, E. (2022, noviembre 4). *Mapeo de empresas de nanotecnologías en México, Argentina y Colombia: Sectorización económica y construcción de cadenas de producción* [Presentación]. Taller sobre Nanotecnologías. Proyecto CONACYT Ciencia de Frontera 304320, Zacatecas, México.

Asociación de Trabajadores del Estado, A. (2006). *Junta interna del Centro Atómico Bariloche.* [Post]. http://www.bariloche2000.com /article.php?story=20060313230747402&mode=print

BNSL. (s. f.). *Bi-National Sustainability Laboratory.* Recuperado 19 de abril de 2013, de http://www.bnsl.org/

Brown Jr., G. E., & Sarewitz, D. (1991). Fiscal Alchemy: Transforming Debt into Research. *Issues in Science and Technology, 7 Autumn*, 70-76.

Burrus, D., & Gittines, R. (1993). *Technotrends: How to Use Technology to Go Beyond Your Competition.*

Cámara de Diputados de la Nación. (2005). *Proyecto de solicitud de información al poder ejecutivo sobre proyectos de investigación financiados por centros de investigación y desarrollo vinculados a fuerzas armadas de países extranjeros* [Post]. http://www1.hcdn.gov.ar/dependencias /ccytecnologia/proy/5.416-D.-05.htm

Cámara de Diputados de la Nación Argentina. (2006). *Pedido de Informes del Partido Radical. Expediente 0753-D-2006. Trámite Parlamentario 13* [Post]. http://www.diputados.ari.org.ar/proyectos/textos/base%202005%20a%202007/Rodr%C3% ADguez/0753-D-06.doc y, Informe No. 66. Abril, www.jgm.gov.ar/Paginas/InformeDiputado/ Informe%2066/Informe%2066.pdf

Chudnovsky, D. (1999). Políticas de ciencia y tecnología y el Sistema Nacional de Innovación en la Argentina. *Revista de la CEPAL, 67*, 153-171.

Cimoli, M., Dosi, G., & Stiglitz, J. E. (Eds.). (2008). The Political Economy of Capabilities Accumulation: The Past and Future of Policies for Industrial Development. En *Industrial Policy and Development* (1.a ed., pp. 1-16). Oxford University PressOxford. https://doi.org/10.1093/acprof:oso/9780199235261.003.0001

Clarkson, G., & DeKorte, D. (2006). The Problem of Patent Thickets in Convergent Technologies. *Annals of the New York Academy of Sciences, 1093*(1), 180-200. https://doi.org/10.1196/annals.1382.014

CONACYT. (2002). *Programa Especial de Ciencia y Tecnología 2001-2006 Tomo II.*

CONACYT. (2014). *Programa Especial de Ciencia, Tecnología e Innovación 2014-2018.* http://www.conacyt.gob.mx/siicyt/index.php/centros-de-investigacion-conacyt/programa-especial-de-ciencia-y-tecnologia/peciti-2014-2018

CONAHCYT. (2023). *Plan Nacional para la Innovación mandatado en el Plan Nacional de Desarrollo 2019-2024.* https://secihti.mx/wp-content/uploads/conacyt/desarrollo_tecnologico_vinculacion_innovacion/PNi_final_26oct2033_2.pdf

DARPA Selects Lucent Technologies to Provide Nanotechnology For Advanced Military Systems. (2004, septiembre 9). Physorg.com. http://www.physorg.com/news1113.html

De Ambrosio, M., & Koop, F. (2024). 'Despair': Argentinian researchers protest as president begins dismantling science. *Nature, 627*(8004), 471-472. https://doi.org/10.1038/d41586-024-00628-1

DOF. (2023, mayo 5). *Ley General en Materia de Humanidades, Ciencias, Tecnologías e Innovación.* Diario Oficial de la Federación. https://www.dof.gob.mx/nota_detalle.php?codigo=5688048&fecha=08/05/2023#gsc.tab=0

DOF, D. O. de la F. (1995, mayo 31). *Plan Nacional de Desarrollo 1995-2000.*

Dutrénit, G., & Arza, V. (2010). Channels and benefits of interactions between public research organisations and industry: Comparing four Latin American countries. *Science and Public Policy, 37*(7), 541-553. https://doi.org/10.3152/030234210X512043

El Cordillerano. (2025, febrero 16). *Adriana Serquis fue designada titular de la Secretaría de Investigación, Creación Artística, Desarrollo y Transferencia de Tecnología.* Diario El Cordillerano. https://www.elcordillerano.com.ar/noticias/2025/02/16/207604-adriana-serquis-fue-designada-titular-de-la-secretaria-de-investigacion-creacion-artistica-desarrollo-y-transferencia-de-tecnologia

Eurekalert. (2005, diciembre 13). BiNational Sustainability Laboratory opens, hopes to create «necklace of labs» along Mexican border. Dream of Sandia's Advanced Concept Group for better border security takes on flesh, though somewhat altered. *Eurekalert.* www.eurekalert.org/pub_releases/2005-12/dnl-bsl121205.php

FAN. (2025). *Fundación Argentina de Nanotecnología.* Fundación Argentina de Nanotecnología. https://www.fan.org.ar/

FAN, F. A. de N. (2023). *Mapa Nano.* https://www.fan.org.ar/mapa-nano/

Ferrari, A. (2005a, septiembre 25). La batalla naval de los científicos argentinos. *Página 12.*

Ferrari, A. (2005b, noviembre 2). Dime quién te financia... *Página 12.*

Ferrari, A. (2006a, marzo 18). Entrevista al organizador del encuentro. "Definir nuestra política". *Página 12.* http://www.pagina12.com.ar/imprimir /diario/sociedad/subnotas/3-21238-2006-03-18.html

Ferrari, A. (2006b, marzo 18). Las olas que produce la Armada norteamericana. *Página 12.* http://www.pagina12.com.ar/diario/sociedad/3-64440-2006-03-18.html

Foladori, G. (2006). Nanotechnology in Latin America at the Crossroads. *Nanotechnology Law & Business Journal, May/June*, 205-2016.

Foladori, G. (2012). Riesgos a la salud y al medio ambiente en las políticas de nanotecnología en América Latina. *Sociológica, 27*(77), 143-180.

Foladori, G. (2014). Ciencia ficticia. *Estudios Críticos del Desarrollo, 4*(7), 41-66.

Foladori, G. (2016). Políticas Públicas en Nanotecnología en América Latina. *Problemas del Desarrollo, 47*(186), 59-82.

Foladori, G. (2017). Occupational and environmental safety standards in nanotechnology: International Organization for Standardization, Latin America and beyond. *The Economic and Labour Relations Review, 28*(4), 538-554. https://doi.org/10.1177/1035304617719802

Foladori, G. (2021). La regulación de las nanotecnologías. En J. Díaz Marcos, J. Mendoza Gonzálvez, R. Ponce Singüeza, & M. Casado (Eds.), *Libro blanco de las nanotecnologías. Una visión ético-social ante los avances de la nanociencia y la nanotecnología* (1.a ed., pp. 197-215). Aranzadi Thomson Reuters, Pamplona.

Foladori, G. (2024). Ley general en materia de humanidades, ciencias, tecnologías e innovación. En G. Foladori & L. Villa (Eds.), *Perspectivas sociales de las nanotecnologías en México* (pp. 175-192). Tirant, Humanidades.

Foladori, G. (2025). *Ciencia, innovación y propiedad intelectual. Un enfoque desde la teoría del valor.* Tirant, Humanidades.

Foladori, G., Arteaga Figueroa, E., Robles-Belmont, E., Záyago Lau, E., & Appelbaum, R. (2016). Cadena de valor de las nanotecnologías en México. *Revista Digital universitaria, 17*(4), 1-8. http://www.revista.unam.mx/

Foladori, G., Figueroa, S., Záyago-Lau, E., & Invernizzi, N. (2012). Características distintivas del desarrollo de las nanotecnologías en América Latina. *Sociológicas, 14*(30), 330-363.

Foladori, G., & Ortiz-Espinoza, Á. (2022). De las nanotecnologías a la industria 4.0: Una evolución de términos. *Nómadas, 55*, 63-73. https://doi.org/10.30578/nomadas.n55a4

Foladori, G., Robles-Belmont, E., Arteaga-Figueroa, E. R., Appelbaum, R., & Zayago-Lau, E. (2018). Patents and nanotechnology innovation in Mexico. *Recent Patents on Nanotechnology, 12*(3). https://doi.org/10.2174/1872210512666180803095459

Foladori, G., Villa, L. L., & Villa, L. L. (Eds.). (2024). Nanotecnología y educación superior en México. En *Perspectivas sociales de las nanotecnologías en México* (pp. 139-160). Tirant, Humanidades.

Foladori, G., Záyago Lau, E., Anzaldo Montoya, & Robles Belmont, E. (2024). Las políticas públicas sobre nanotecnologías en Méico en el contexto de la incidencia de instituciones y organismos internacionales. En G. Foladori & L. Villa (Eds.), *Perspectivas sociales de las nanotecnologías en México* (pp. 79-99). Tirant, Humanidades.

Foladori, G., Zayago Lau, E., Carrozza, T. J., Appelbaum, R., Villa, L., & Robles Belmont, E. (2018). Empresas de nanotecnología en Argentina y su lugar en la cadena de producción. En G. Foladori, N. Invernizzi, J. F. Osma, & E. Záyago Lau (Eds.), *Cadenas de Producción de las nanotecnologías en América Latina*. Universidad de los Andes.

Funtowicz, S. O., & Ravetz, J. R. (2000). *La ciencia posnormal: Ciencia con la gente* (1a ed). Icaria.

Godin, B. (2009). *The Making of Science, Technology and Innovation Policy: Conceptual Frameworks as Narratives, 1945-2005*. Centre—Urbanisation Culture Société de l'Institut national de la recherche scientifique.

Graffagnini, M. (2009). Corporate Strategies for Nanotech Companies and Investors in New Economic Times. *Nanotechnology Law & Business Journal, 6*(2).

Gutiérrez Espada, L. (1979). *Historia de los medios audiovisuales 1838-1926*. Pirámide. https://www.todocoleccion.net/libros-segunda-mano-cine/historia-medios-audiovisuales-1838-1926-luis-gutierrez-espada-ed-piramide-1979-cinematografia~x420278489

Hart, K. (2008, julio). Venture-Backed IPO Tally: Zero. *The Washinton Post*. http://www.washingtonpost.com/wpdyn/content/article/2008/06/30/AR2008063002292.html

Interagency Working Group on Nanoscience, Engineering and Technology. (2000, febrero 7). *National Nanotechnology Initiative. Leading to the Next Industrial Revolution*. The White House. https://www.whitehouse.gov/files/documents/ostp/NSTC%20Reports/NNI2000.pdf

International Division U.S. Army Research, & Development and Engineering Command. (2004). U.S. Army International Technology Center of the

Americas Opens in Santiago. *REDECOM, Magazine.* www.redecom.army.mil/rdmagazine200411 /part_ITC.html

Invernizzi, N. (2012). Unions Perspectives on the Risks and Implications of Nanotechnology. En H. van Lente, C. Coenen, T. Fleischer, L. Krabbenborg, C. Milburn, F. Authier, & T. B. Zülsdorf (Eds.), *Expansions of Nanoscience and Emerging Technologies* (pp. 195-215). IOS Press / AKA.

Kay, L., & Shapira, P. (2009). Developing Nanotechnology in Latin America. *Journal of Nanoparticle Research, 11*(2), 259-278.

LaPolíticaOnline. (2025, febrero 6). *Milei atacó al Conicet: «¿En qué mejora la vida de la gente estudiar el ano dilatado de Batman?»* LaPolíticaOnline. https://www.lapoliticaonline.com/politica/milei-ataco-al-conicet-en-que-mejora-la-vida-de-la-gente-estudiar-el-ano-dilatado-de-batman/

Lau, C. (2004). *DoD Solid State Electronics Basic Research.www7.nationalacademies.org/bpa/ SSSC_MtgSpring2004_Lau.pdf Retrieved October 5, 2006.* www7.nationalacademies.org/bpa/ SSSC_MtgSpring2004_Lau.pdf

Lavagnino, N. (director E. (2025, mayo 5). *Informe de evolución de Empleo y RRHH del SNCTI – Abril 2025—Grupo EPC.* https://grupo-epc.com/informes/informe-de-evolucion-de-empleo-y-rrhh-del-sncti-abril-2025/

López, A., Niembro, A., & Ramos, D. (2014). Latin America's competitive position in knowledge-intensive services trade. *CEPAL Review, 2014*(113), 21-39. https://doi.org/10.18356/30e45128-en

Lorca, J. (2025, mayo 11). *La ciencia involuciona en la Argentina de Milei: Se desploma la inversión y disminuyen los investigadores.* El País Argentina. https://elpais.com/argentina/2025-05-12/la-ciencia-involuciona-en-la-argentina-de-milei-se-desploma-la-inversion-y-disminuyen-los-investigadores.html

Lugones, M., & Osycka, M. (2018). Desarrollo y políticas en nanotecnología: Desafíos para la Argentina. En D. Aguiar, M. Lugones, J. Martín Quiroga, & F. Aristimuño (Eds.), *Políticas de ciencia, tecnología e innovación en la Argentina de la posdictadura* (pp. 127-146). Editorial UNRN. https://doi.org/10.4000/books.eunrn.1234

Lux Research. (2004). *Statement of Findings: Sizing Nanotechnology's Value Chain.* https://www.altassets.net/pdfs/sizingnanotechnologysvaluechain.pdf

Lux Research. (2007, octubre 25). *Nanotechnology's Impact on Consumer Products.* https://ec.europa.eu/health/archive/ph_risk/committees/documents/ev_20071025_co03_en.pdf

Matsumoto, C. (1999, septiembre 21). *Sandia pushes for MEMS commercialization.* EETimes News & Analysis. http://eetimes.com/electronics-news/4168626/Sandia-pushes-for-MEMS-commercialization

Meneses, E., & Foladori, G. (2025). Artificial intelligence, nanotechnologies and the dialectics of life [in press]. En *Political Economy of Artificial Intelligence.* IJOPEC Publication Limited.

Michaels, D. (2008). *Doubt Is Their Product: How Industry's Assault on Science Threatens Your Health,.* Oxford University Press, Incorporated,.

Michaels, D., & Monforton, C. (2005). Manufacturing Uncertainty: Contested Science and the Protection of the Public's Health and Environment. *American Journal of Public Health, 95*(S1), S39-S48. https://doi.org/10.2105/AJPH.2004.043059

MINCyT. (2020, diciembre 23). *Plan Argentina Innovadora 2020.* Argentina.gob.ar. https://www.argentina.gob.ar/ciencia/plan-nacional-cti/argentina-innovadora-2020

Moradi, M. (2004, abril 21). *When David Met Goliath. The Art of Corporate Development for Nanotechnology Startups.* Nanotechnology Now. http://www.nanotech-now.com/Mike-Moradi/April212004.htm

NMAB. (2003). *Materials Research to Meet 21st Century Defense Needs.* National Academies Press. https://doi.org/10.17226/10631

NNI, N. N. I. (2018, agosto). *The National Nanotechnology Initiative Supplement to the President´s 2019 Budget.* https://www.nano.gov/sites/default/files/NNI-FY19-Budget-Supplement.pdf

NNI, N. N. I. (s/f). *What is Nanotechnology?* https://www.nano.gov/nanotech-101/what/definition

ODDRE. (1995). *Microelectromechanical Systems; A DoD Dual Use Technology Industrial Assessment.* ODDRE, Washington DC. www.dtic.mil/cgibin/GetTRDoc?AD=ADA304675&Location=U2&doc=GetTRDoc.pdf

OECD (Ed.). (2010a). *Risk and regulatory policy: Improving the governance of risk.* OECD.

OECD. (2010b). *The Paso del Norte Region, Mexico and the United States.* www.oecd.org/dataoecd/17/61/45820961.pdf

ONRG. (2004). *Regional Offices. Latin America. Forum.* Office of Naval Research Global. www.onrglobal.navy.mil/scitech/regional/latin_america_forum.asp

ONU, O. de las N. U. (2002). *Clasificación Industrial Internacional Uniforme de todas las Actividades Económicas (CIIU) Revisión 3.1.* Naciones Unidas. https://unstats.un.org/unsd/publication/seriesm/seriesm_4rev3_1s.pdf

ONU, O. de las N. U. (2021). *Introduction to CPC.* Economic statistics. https://unstats.un.org/unsd/classifications/Econ/cpc

Orfila, M. de los A. (s. f.). *'Scienticide': Argentina's science workforce shrinks as government pursues austerity.* Recuperado 18 de mayo de 2025, de https://www.science.org/content/article/scienticide-argentina-s-science-workforce-shrinks-government-pursues-austerity

Ortiz, Á., Foladori, G., & Záyago, E. (2022). Financiamiento público para nanotecnologías: El caso de Fomix y Fordecyt. *Revista Legislativa de Estudios Sociales y de Opinión Pública, 15*(33), 11-42.

Ortíz-Espinoza, Á., Foladori, G., & Bracamonte Arámburo, E. (2022). Elementos críticos sobre las nanotecnologías en México. *Revista Espacio I+D Innovación más Desarrollo, 11*(31), 74-95. https://doi.org/10.31644/IMASD.31.2022.a04

Panorama en Internet, U. de C. (2006, octubre 13). *Armada norteamericana explora formas de colaboración con universitarios.* www2.udec.cl/panorama/p439/p13.htm

Porto, E. (2025, mayo 16). «Por falta de apoyo del Gobierno» renunció la titular de la Fundación Argentina de Nanotecnología. *Periferia.* https://periferia.com.ar/politica-cientifica/por-falta-de-apoyo-del-gobierno-renuncio-la-titular-de-la-fundacion-argentina-de-nanotecnologia/

Provee Juárez microtecnología al mundo. (2008, septiembre 14). *El Diario.* www.skyscrapercity.com/showthread.php?t=495552&page=39

Proyecto de Ley Marco para el Plan Nacional Estratégico de Desarrollo de Micro y Nanotecnologías., Senado y Cámara de Diputados de la Nación Argentina (2005). http://www1.hcdn.gov.ar/dependencias/ccytecnologia/proy/3.279-D.-05.htm

Puig-de-Stubrin, & Negri. (2005). *Proyecto de Resolución. Fundación Argentina de la Nanotecnología. Creación.-Resolución del M.E. NS 380/05-. Objetivos de las políticas científicas. Pedido de informes al P. E. (Ciencia y Tecnología y Acción Social y Salud Pública.* www1.hcdn.gov.ar/dependencias/ccytecnologia/proy/ 2.844-D.-05.htm.

Ramsden, J. J. (2016). *Nanotechnology* (2a ed.). Elsevier. https://doi.org/10.1016/C2014-0-03912-3

Rio Negro online. (2006a). Anuncian nueva organización para la CNEA. *Rio Negro online*. http://www.rionegro.com.ar/ arch200603/24/r24j10.php

Rio Negro online. (2006b, marzo 23). Renuncia y malestar en el Centro Atómico Bariloche. Se fue el gerente tras reunión entre militares de EE.UU. y científicos. *Rio Negro online*. www.rionegro.com.ar/arch200603/23/m23j77. php

Robles Belmont, E. (2010). Las Fundaciones en el desarrollo de tecnologías emergentes: Desarrollo de los MEMS en México. *VIII Jornadas Latinoamericanas de Estudios Sociales de la Ciencia y Tecnología*. halshs.archivesouvertes.fr/halshs-00507810/en/

Robles Belmont, E. (2024). La investigación de las nanotecnologías publicaciones e instituciones. En G. Foladori & L. Villa (Eds.), *Perspectivas sociales de las nanotecnologías en México* (pp. 109-114). Tirant, Humanidades.

Robles Berumen, R., & Foladori, G. (2024). Instrumentos de política pública para enfrentar los peligros e incertidumbres de las nanotecnologías. En G. Foladori & L. Villa (Eds.), *Perspectivas sociales de las nanotecnologías en México* (pp. 59-77). Tirant, Humanidades.

Rocca, G. (2024, abril 30). *La Agencia en estado de coma*. nexciencia.exactas.uba.ar. https://nexciencia.exactas.uba.ar/renuncia-vocales-directorio-agencia-ajuste-desmantelamiento-fernando-peirano-maria-cristina-carrillo-ruben-zarate

Roco, M. C., Mirkin, C. A., & Hersam, M. C. (2010). *Nanotechnology research directions for societal needs in 2020. Retrospective and outlook*. World Technology Evaluation Center (WTEC).

Sametband, R. (2005). Ten-year nanotechnology plan proposed in Argentina. *SciDev.Net*. http://www.scidev.net/content/news/eng/ten-yearnanotechnology-plan-proposed-in-argentina.cfm

Secretaría de Economía, S. (2008). *Diagnóstioc y prospectiva de la nanotecnología en México*.

SER. (2003). *Informe Visita Del C. Presidente de la República, Vicente Fox Quesada a los Estados de Arizona, Nuevo México y Texas de los Estados Unidos de América*. Secretaría de Relaciones Exteriores.

SPPNA. (2005, junio 27). *Report to the Leaders. Annex: Prosperity.* Security and Prosperity Partnership of North America. www.spp. gov/report_to_leaders/prosperity_annex.pdf?dName=report_to_ leaders.

Surtayeva, S. (2019). Cambio tecnológico y capacidades políticas e institucionales: La trayectoria de la Fundación Argentina de Nanotecnología. *Estado y Políticas Públicas, 12*, 97-122.

Surtayeva, S. (2021a). El impacto de las políticas de promoción sobre el sector productivo argentino: El caso de la nanotecnología (2003-2018). *Revista CTS, 16*(48), 131-157.

Surtayeva, S. (2021b). El impacto de las políticas de promoción sobre el sector productivo argentino: El caso de la nanotecnología (2003-2018). *Revista CTS, 16*(48), Article 48.

Surtayeva, S. (2021c). Política tecnológica en contexto semiperiférico: Trayectoria de la nanotecnología en Argentina (2003-218). En M. Berger, T. Carrozza, & G. Bailo, *Nanotecnología y sociedad en Argentina. Para una agenda inter y transdisciplinaria* (1a ed., Vol. 1, pp. 26-59). Centro Latinoamericano de Formación Interdisciplinaria.

The Royal Society. (2004). *Nanoscience and nanotechnologies: Opportunities and uncertainties*. Royal Society.

Thornton, J. (2000). Beyond Risk: An ecological paradigm to prevent global chemical pollution. *International Journal of Occupational and Environmental Health, 6*(4), 318-330.

Tsuzuki, T. (2009). Commercial scale production of inorganic nanoparticles. *International Journal of Nanotechnology, 6*(5), 567-578. https://doi.org/10.1504/IJNT.2009.024647

Ulloa, S. (2004). *Final Participant List—Int'l. Workshop on Multifunctional Materials. 17-21, 2004, Huatulco, Mexico.* www.iiiv.cornell.edu/allwood/mexico2004/Roster.pdf

UNESCO. (2006). *The Ethics and politics of nanotechnology.* https://unesdoc.unesco.org/ark:/48223/pf0000145951

U.S. Army ITC-Atlantic. (s/f). *Worldwide USAITCs.* http://www.usaitca.army.mil/ww_usaitcs.html.

U.S Embassy Chile. (2006, octubre 8). *Programs Supported in Latin America.* http://www.usembassy.cl/_temporal/597/ONR/Web%20Page/programs_supported_in_latin_amer.htm

USARSO, (United States Army South FSH-Texas). (2006). *Conference of American Armies (CAA). Specialized Conference on Science and Technology. U.S. Army South.* http://www.usarso.army.mil/newsletter/August.pdf.

Villa, L. L. (2024). Risks and environment in nanotechnology higher education in Mexico. En M. Erdoğdu, E. Alaverdov, A. C. García, Ö. B. Gürsoy Yenilmez, & N. Çankırı (Eds.), *Inflation, inequalilty, nanotechnology, and development.* IJOPEC Publication Limited.

Villasana, M. (2011). Fostering university–industry interactions under a triple helix model: The case of Nuevo Leon, Mexico. *Science and Public Policy, 38*(1), 43-53. https://doi.org/10.3152/030234211X12924093659996

Záyago, E., Foladori, G., Appelbaum, R., & Arteaga Figueroa, E. (2013, diciembre). Empresas nanotecnológicas en México: Hacia un primer inventario. *Estudios Sociales, XXI*(42), 9-26. http://www.ciad.mx/coordinaciones/desarrollo-regional/revista-estudios-sociales/numeros-revista-electronica/res42.html

Záyago, E., Foladori, G., Villa, L., Appelbaum, R., & Arteaga Figueroa, E. (2015). Análisis Económico Sectorial de las Empresas de Nanotecnología en México. *Documentos de Trabajo Instituto de Estudios Latinoamericanos – IELAT, 79*, 1-31.